技工院校烹饪专业教材
职业院校烹饪专业教材

中国饮食文化

朱长征　主编

中国劳动社会保障出版社

简　介

本书介绍了中国饮食文化的有关知识，内容包括中国饮食文化发展历史、中国饮食习俗、中国肴馔文化、中国茶文化、中国酒文化。本书展现了中国饮食文化的丰富内涵，融合古今，图文并茂地展现了中国饮食文化的博大精深，切合职业院校烹饪专业教学实际。

本书由朱长征任主编，时春霞、徐岩岩任副主编，尹涛、石森、杨娟、郑梦、邢记、盛俊杰参与编写。

图书在版编目（CIP）数据

中国饮食文化 / 朱长征主编. -- 北京：中国劳动社会保障出版社，2025. --（技工院校烹饪专业教材）（职业院校烹饪专业教材）. -- ISBN 978-7-5167-6807-5

Ⅰ. TS971.202

中国国家版本馆 CIP 数据核字第 2025WA7267 号

中国饮食文化

ZHONGGUO YINSHI WENHUA

中国劳动社会保障出版社出版发行

（北京市惠新东街 1 号　邮政编码：100029）

*

北京市白帆印务有限公司印刷装订　新华书店经销

787 毫米 ×1092 毫米　16 开本　11 印张　210 千字

2025 年 7 月第 1 版　　2026 年 2 月第 2 次印刷

定价：33.00 元

营销中心电话：400-606-6496

出版社网址：https://www.class.com.cn

https://jg.class.com.cn

前　言

近年来，随着我国社会经济、技术的发展，以及人们生活水平的提高，餐饮行业也在不断创新中向前发展。餐饮业规模逐年增长，新标准、新技术、新设备和新方法不断出现，人们对餐饮的需求也日益丰富多样。随着餐饮行业的发展，餐饮企业对从业人员的知识水平和职业能力水平提出了更高的要求。为了培养更加符合餐饮企业需要的技能人才，我们组织了一批教学经验丰富、实践能力强的一线教师和行业、企业专家，在充分调研的基础上，编写了这套职业院校烹饪专业教材。

本套教材主要有以下几个特点：

第一，体系完整，覆盖面广。教材包括烹饪专业基础知识、基本操作技能及典型菜品烹饪技术等多个系列数十个品种，涵盖了中式烹调技法、西式烹调技法及面点制作等各方面知识，并涉及饮食营养卫生、烹饪原料、餐饮企业管理等内容，基本覆盖了目前烹饪专业教学各方面的内容，能够满足职业院校烹饪教学所需。

第二，理实结合，先进实用。教材本着“学以致用”的原则，根据餐饮企业的工作实际安排教材的结构和内容，将理论知识与操作技能有机融合，突出对学生实际操作能力的培养。教材根据餐饮行业的现状和发展趋势，尽可能多地体现新知识、新技术、新方法、新设备，使学生达到企业岗位实际要求。

第三，生动直观，资源丰富。教材多采用四色印刷，使烹饪原料的识别、工艺流程的描述、设备工具的使用更加直观生动，从而营造出更

加直观的认知环境，提高教材的可读性，激发学生的学习兴趣。教材同步开发了配套的电子课件及习题册。电子课件及习题册答案可登录技工教育网（jg.class.com.cn），搜索相应的书目，在相关资源中下载。部分教材针对教学重点和难点制作了演示视频、音频等多媒体素材，学生扫描二维码即可在线观看或收听相应内容。

本套教材的编写工作得到了有关学校的大力支持，教材的编审人员做了大量的工作，在此，我们表示诚挚的谢意！同时，恳切希望广大读者对教材提出宝贵的意见和建议。

编者

目　录

绪 论

学习目标

1. 了解中国饮食文化的内涵。
2. 掌握中国饮食文化的特点。
3. 了解中国饮食文化的基础理论与中国饮食养生。
4. 了解中西饮食文化的差异。

饮食文化与人类生活紧密相连。在中国绵延数千年的文明史中，人们对饮食的探索从未停止，饮食文化也成为社会进步的一个重要标志。随着社会的发展，人们对饮食文化的追求由简单的物质需求逐渐升华为一种深层次的精神享受。

中国饮食文化历史悠久，博大精深，是中华民族文化宝库中一颗璀璨的明珠，对世界饮食文化产生了极其深远的影响。

一、中国饮食文化的内涵

中国饮食文化是中国传统文化中的瑰宝，源远流长，博大精深。

1. 文化

在中国古籍中，“文”的含义既涵盖文字、文章、文采，也指礼乐制度、法律条文等。“化”字则蕴含教化的意味。从社会治理的视角看，“文化”即以礼乐制度来教化百姓。

广义而言，文化指的是人类所创造的一切物质和精神产品的总和。狭义而言，它则专指包括语言、文学、艺术等意识形态在内的精神产品。历史学、人类学和社会学常从广义角度运用文化这一概念。

文化可分为多种类型。按表现形式不同，文化可分为物质文化、制度文化、精神文化。按载体不同，文化可分为饮食文化、建筑文化、服饰文化、器物文化等，如图 0–1 所示。按时间不同，文化可分为史前文化、古代文化、近现代文化、当代文化等。

图 0–1 文化的类型

2. 饮食文化

在史前时代，人类的饮与食仅仅是出于本能。当人类学会利用火烹饪食物，便逐渐步入了文明的大门。特别是随着陶器的出现，人类开创了真正的烹饪艺术，这一跨越将人们从原始的、纯粹为了生存而进食的阶段，引领至烹饪和调制美食的新纪元。饮食也因此被赋予了深厚的文化内涵。

饮食文化是人们在长期的饮食品生产与消费过程中所创造并积累的物质财富和精神财富的总和，它是人类文化的重要组成部分。

饮食文化涵盖食品的开发与利用、食具的运用与创新、餐饮的服务与接待、餐饮业与食品业的经营与管理等多个方面。同时，它还涉及饮食与社会、饮食与文学艺术、饮食与人生境界的深层次关系。

饮食文化具有多样性。不同的食物、加工方式，或地区、民族的差异，造就了多样化的饮食风味和文化风格。

知识拓展

食

“食”字始见于商代甲骨文，其古字形下部像盛满食物的器皿，上部像一个盖子，如图 0–2 所示。也有一种说法认为其上部像口，表示张口就食之意。由此可见，食的本义应该是“吃”。《诗经 · 魏风》中的《硕鼠》写道：“硕鼠硕鼠，无食我黍。”这里的“食”即吃的意思。

图 0–2 “食”字（甲骨文）

在古代，“食”还指食物。例如，《尚书》中记载有“艰食”和“鲜食”。其中，艰食指谷物，鲜食指肉类（刚杀的鸟兽）。

3. 中国饮食文化

中国饮食文化是中华民族在长期饮食生产与消费实践中创造并积累的物质和精神财富的总和，是中国文化的重要组成部分。受中国传统文化中的阴阳五行、儒家伦理、中医营养学说以及文化艺术、饮食审美等多重因素影响，形成了独具特色且博大精深的中国饮食文化。深入了解中国饮食文化及其意义，对于进一步传承和弘扬中国文化具有重要意义。

从历史沿革来看，中国饮食文化历经演变，经历了生食、熟食、自然烹饪和科学烹饪四个阶段，孕育出数万种传统菜点和工业食品，以及各种宴席和风味流派。

中国饮食不仅讲究“色、香、味”俱全，还注重“滋、养、补”，突出养、助、益、充的营养理念。中国饮食五味调和的境界说、变化多端的烹调手法、畅神怡情的美食观，使其与海外饮食文化截然不同。

中国饮食文化对日本、蒙古国、朝鲜、韩国、泰国和新加坡等有直接影响，成为东方饮食文化的核心。同时，其素食文化、茶文化、面食文化、药膳文化及陶瓷餐具等也对世界其他国家和地区产生了间接影响。

二、中国饮食文化的特点

中国有一句古话："民以食为天。"这凸显了饮食在中国文化中的重要地位。中国在长期的历史进程中形成了丰富的饮食文化传统，其主要特点大致可以归纳为以下几个方面：

1. 历史悠久

中国饮食文化拥有悠久且辉煌的历史。它发端于人类早期利用火制作熟食的习惯，历经新石器时代的萌芽、夏商周的初步形成、秦汉至唐宋的蓬勃发展，在明清时期趋于成熟和定型，最终在近现代步入了繁荣与创新的新阶段。在每一个历史时期，中国饮食无论在物质层面还是精神层面，都展现出独特的魅力。特别是在炊餐器具、食材、烹饪技法、菜品及饮食著述等方面，中国饮食文化均独具特色，对全球饮食文化产生了深远的影响。图 0–3 是考古中发现的东汉时期烧烤场景图。

图 0–3　东汉时期烧烤场景图

2. 形成独特的饮食理念

中国的饮食理念内涵丰富，其独特性源于中国传统文化中的"气"与有无相生的理念，从而形成了天人相应的生态观、食治养生的营养观以及五味调和的美食观。这些观念强调饮食与自然的和谐、养生与审美的统一，追求食物的色、香、味、形、器、质、养的协调，旨在全面满足人的生理和心理需求。在这样的思想指导下，中国人总结出"五谷为养，五果为助，五畜为益，五菜为充"的均衡食物结构，这一结构既科学合理，又符合健康需求。

中国独特的哲学思想孕育了天人合一和整体化的思维模式，进而影响了中国的饮食科学观念。天人合一的思想体现在不把客体世界与人分隔开，也不将其视为纯粹的对象化事物，而是追求人与大自然的和谐合一。在思维模式上，中国强调从整体出发，注重整体的功能性，这一观念也渗透到饮食文化中，使得中国人更看重菜品的整体风格，崇尚五味的调和，创造出时序适宜、口味独特的美食。

这样的哲学思想和思维模式共同塑造了中国独特的饮食文化。中国人不仅注重食物的营养和口感，更追求与自然和谐共生的饮食生态。

3. 饮食制作技艺精湛

中国人在饮食制作上追求精益求精，无论是菜点还是茶酒的制作都体现了高超的技艺。以肴馔制作为例，有以下几个特点：

一是原料使用广博且物尽其用，讲究合理搭配，如荤素、性味的搭配等。

二是刀工上，切割精细，刀法多样，满足成菜和造型需求。

三是调味精巧多变，味型丰富，享有“一菜一格、百菜百味”的美誉。

四是烹饪方法上，用火精妙，制法多样。

五是在造型与美化上，注重造型与意境的结合。图 0–4 所示为中国美食示例。

图 0–4　中国美食示例

4. 区域性风格明显

中国地域辽阔，气候、地理与物产差异大，加之民族、宗教、习俗等不同，形成了多样的区域性饮食文化风格。这体现了饮食文化的历史特性，如封闭性、稳定性、缓慢发展性和自我更新性，在封建时代尤为明显。自然、经济、人文差异进一步影响习俗和心理，使得在封闭历史条件下，饮食文化传承关系牢固。

5. 饮食品种丰富

在漫长的饮食历史中，中国厨师创造了数万种肴馔和饮品。这些饮食品种各有着独特历史、地方特色和烹饪艺术风格。图 0–5 和图 0–6 所示为中国传统美食生煎包、锅贴。在饮品方面，中国茶叶种类繁多，如绿茶、红茶、乌龙茶、白茶、黄茶、黑茶等。中国酒类也丰富多样，包括白酒、黄酒、果酒、药酒和啤酒等。

图 0-5 生煎包

图 0-6 锅贴

三、中国饮食文化基础理论

中国饮食文化的繁荣发展，与其深远的饮食思想有紧密关系。这种深厚坚实的思想基础，体现在以下基础理论上。

1. 食医合一

早在原始农业出现之前的采集、渔猎时代，古人就已注意到，许多可食用的植物、动物具有特殊功效。可以说，医药学的萌芽就孕育在原始人类的饮食生活中，这是人类医药学发生和发展的普遍规律。

在周代，中国出现了专业的“食医”。“食医”作为王庭的营养师，享有崇高的地位，这可以被视为现代营养师的起源。我国还涌现了一批食疗专著，如《千金要方》《食疗本草》等。中国传统医药学在两千多年的历史中也被称为“本草学”。

由于饮食具有获取营养和治病的双重功能，所以从“医食同源”的实践和初步认识中衍生出了中国饮食思想的重要原则，形成了具有中国特色的“食医合一”的传统。

2. 饮食养生

饮食养生源于“医食同源”的认识以及“食医合一”的思想与实践。饮食养生就是根据中医理论，通过调整饮食，注意食物的宜忌，合理摄取食物，以增强体质、延长寿命的养生方法。

饮食是提供身体所需营养物质的源泉，对维持人体生长、发育，完成各种生理功能，保证生命存续至关重要。先秦时期，老子和庄子详细阐述了养生主张，庄子提倡用“吐故纳新”的“导引”之法来强身健体，延年益寿。

古人很早就认识到了饮食与生命的重要关联。在长期实践中，人们积累了丰富的知识和宝贵经验，逐渐形成了一套具有中华民族特色的饮食养生理论，为保障人民健康发挥了巨大作用。

饮食养生的目的是通过合理适度地补充营养来增强精气，并通过饮食搭配来纠正

脏腑阴阳的失衡，从而促进机体健康，延缓衰老。饮食是人们的必需品，而不当的饮食又最容易影响健康，因此食养在中医养生学中占有重要地位。

3. 本味主张

强调原料的天然味性，注重食物的原汁原味，这是中国烹饪的核心理念，也是中华民族饮食文化很早就确立并坚持的原则。

按照古人的理解，“性味”包含“性”和“味”两层含义。“味”是人的鼻、舌等感官能够感知的食物的自然属性，而“性”则是人们无法直接感知的食物功效。古人认为食物的性源于其味，因此对食物的天然味性极为重视。《吕氏春秋》集中论述了“味”的原理。其中，伊尹以“至味”向汤王说明任用贤才、推行仁义之道可得天下的道理。该文也不经意地记录了当时受推崇的食品和调味料，同时提出了我国乃至世界上最古老的烹饪理论。

4. 孔孟食道

孔孟食道形成于先秦时期。它首先是基于孔子和孟子的饮食观点、思想、理论以及他们的饮食生活实践所体现的基本风格和原则性倾向。

孔子提出了符合饮食养生原则的“食不厌精，脍不厌细”，并阐述了食物的选择和食用方式。孔子提出“八不食”的原则，即：粮食陈旧和变味了，鱼和肉腐烂了，不吃；食物颜色变了，不吃；食物气味变了，不吃；食物烹调不当，不吃；不到正常的时点，不吃；肉切得不方正，不吃；从市场上买来的肉干和酒，不吃；佐料放得不适当，不吃。孟子则以孔子的行为为典范，不仅完全继承了孔子的饮食理念和准则，还通过自身的理解和实践，将其深化和完善为“食志、食功、食德”的饮食理念和系统化的孔孟食道理论。

孔子和孟子的饮食生活实践具有很大的相似性，他们的饮食思想也高度一致。

孔孟食道是春秋战国时期中国饮食思想的重要成就，对秦汉以后两千多年的中华民族传统饮食思想产生了重大影响，同时也是至今仍在影响中国人饮食生活的潜在重要因素。

四、中国饮食养生

饮食为人体提供必需的各种营养素，满足人们的生活需求。然而，饮食不当也可能带来健康隐患。因此，古人非常重视饮食养生，甚至将其提升到安身立命之本的高度。

1. 饮食养生的基础理论

作为中国古代养生法中的核心环节，利用食物的保健与医疗作用，成为延年益寿和预防治疗疾病的重要手段。元代饮膳太医忽思慧所著的《饮膳正要》是我国古代著名的论述饮食营养的医著。它继承和汲取了古代饮食学的精髓，从营养学角度阐述了许多关于身体健康的重要观点。其中强调，饮食应有规律、定时定量，要避免过饥过饱，食物温度要适中，要不挑食、不偏食，良好的起居习惯和饮食节制是长寿的关键。忽思慧提倡的“薄滋味”“节嗜欲”，正是饮食养生的要义。忽思慧指出：善于养生的人在饥饿时进食，但不过饱；在口渴时饮水，但不过量。这些都是宝贵的饮食养生经验。

2. 饮食养生的方法

古人提出了以下饮食养生的重要方法：

（1）适量饮食

晋代葛洪强调饮食应适量，要避免暴饮暴食，根据身体需求来摄取食物。

（2）均衡摄入

日常饮食应均衡摄取各类食物。不可过食肥甘之物，应重视素淡饮食。

（3）饮食卫生

如前所述，孔子的“八不食”原则体现了饮食卫生的重要性，这些原则在现代社会仍然有重要的指导意义。

（4）因人而异

饮食须根据个人体质和食物性能进行合理调配。

（5）顺应四时

饮食应顺应四季变化，这对健身延年具有重要意义。

3. 饮食调理的原则

古人重视合理、科学地安排饮食，提出了以下饮食调理的原则。

（1）合理搭配，五味调和

古人提出了均衡的食物结构，强调应以谷类为主食，肉类为副食，蔬菜水果为辅助，避免过多食用肥腻食物或偏食瓜果。另外，根据食物的酸、甜、咸、辣、苦五味及其与机体的关系，古人提出要调和五味，以促进食欲，帮助消化吸收，滋养脏腑、筋骨、气血，并预防五味偏嗜所导致的其他疾病。现代研究显示，这种合理的膳食结构既可以满足人体对各种营养素的需求，又能预防过多摄入动物脂肪、高胆固醇、盐类，以及过少摄入粗纤维等因素导致的高血压、冠心病、结肠癌、便秘等疾病。

（2）饮食有节

饮食有节即饮食要有节制。一方面，应掌握进食的时间，遵循一定的饮食规律。《吕氏春秋》中说：“食能以时，身必无灾。”定时进食不仅可以维持脾胃的正常功能，还能保持体内阴阳平衡。另一方面，要控制食物的摄入量。进食量应适中，不宜过饱。古人认为，过量进食会加重脾胃负担，长期如此会损害脾胃功能，阻碍营养吸收，导致元气不足，引发各种疾病。唐代名医孙思邈所著的《千金要方》中说：“凡常饮食，每令节俭，若贪味多餐，临盘大饱，食讫，觉腹中彭亨短气，或致暴疾。”

（3）因时、因地、因人制宜

古人认为，饮食应随四季气候变化而调整。四季都有适合的食物，例如，春季可食葱、韭以助阳气生发，夏季宜多食绿豆、西瓜等甘酸清润食物以清热解暑、生津止渴，秋季宜多食芝麻、蜂蜜等滋润食物以防燥，冬季则宜食羊肉、狗肉等温补食物以保护阳气。根据“春夏养阳，秋冬养阴”的中医理论，古人认为，在饮食上可适当调整以顺应季节变化。

人们所处的地理位置不同，饮食调养也存在差异。例如：冬季进补时，北方气候寒冷，可选用温热的食物；南方气候较温和，可选用性温味甘的补品。饮食调养还需考虑个体差异。老年人饮食宜清淡、温热、软糯，应细嚼慢咽。婴幼儿和学龄儿童则要在合理搭配的基础上，多食用富含赖氨酸的动物食品和豆类，以及富含维生素的水果和蔬菜，以满足成长需要。

（4）忌盲目“药补”

药物主要用于治疗疾病，在健康状态下不可随意使用。关于盲目“药补”的危害，历代医家多有论述。唐代孙思邈在《千金要方》中引用汉代名医张仲景的话说：“人体平和，惟须好将养，勿妄服药。药势偏有所助，令人藏（脏）气不平，易受外患。”也就是说，在无病状态下盲目进行药补对养生有害无益。

知识拓展

《饮膳正要》

忽思慧是元代著名的营养学家，他所著的《饮膳正要》一书（见图 0–7），是我国乃至世界上较早的饮食卫生与营养学专著，对传播和发展我国卫生保健知识起到了重要作用。

该书所记载的药膳方和食疗方非常丰富，特别注重阐述各种食物的性味与滋补作用，还涉及妊娠食忌、乳母食忌、饮酒避忌等内容。它从健康人的实际饮食需要出发，以正常人的膳食标准立论，制定了一套饮食卫生法则。书中还具体阐述了饮食卫生、营养疗法，以及食物中毒的防治等内容。该书是我国现存第一部完整的饮食卫生和食疗专著，也是一部颇有价值的古代食谱集。

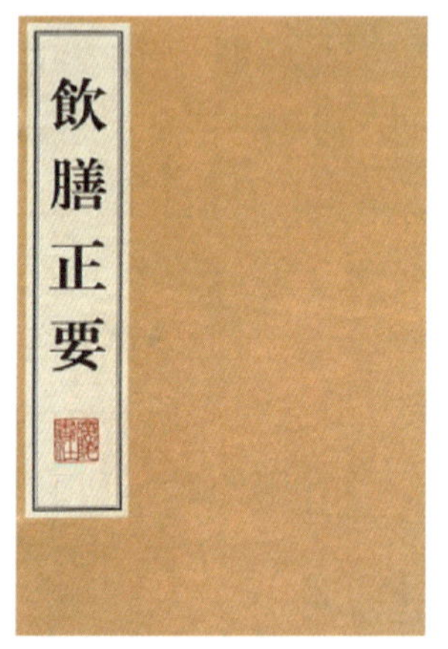

图 0–7 《饮膳正要》

五、中国饮食文化的传播与中西饮食文化比较

中国饮食文化自成一体，但与异域饮食文化也有着千丝万缕的联系。

1. 中国饮食文化的传播

早在秦汉时期，中国饮食文化就开始了对外传播。西汉张骞出使西域，就通过丝绸之路与中亚各国开展了广泛的经济文化交流。张骞等人不仅从西域引进了胡瓜、胡桃、胡麻、胡萝卜、石榴等新物种，同时也把中原的桃、李、杏、梨、姜、茶叶及饮食文化带到了西域，大大促进了中原与西域之间的物质和文化交流。在西域地区汉墓出土的文物中，就有来自中原的木制筷子，这表明筷子文化也随着丝绸之路传播到了西域。

在西南边陲，还有一条古代贸易路线，从成都出发，经过云南，到达缅甸和印度。这条古老的贸易路线在汉代也起到了对外传播饮食文化的重要作用。东汉时，汉光武帝刘秀派遣马援南征，抵达交趾（今越南）一带。大批汉朝官兵在此定居，将端午节吃粽子等饮食习俗带到了交趾等地。至今，越南和东南亚各国仍然保留着这一传统习俗。

中国的饮食文化对朝鲜和日本也产生了深远的影响。据史料记载，秦代开始，就有中国人前往朝鲜半岛，他们将中国的饮食文化带到了那里。到了汉代，中国饮食文化对朝鲜的影响更为显著，从筷子的使用到饭菜的搭配，都明显带有中国特色。同时，在烹饪理论上，朝鲜也吸纳了中国的“五味”“五色”等理念。

在公元 8 世纪中叶，唐朝高僧鉴真东渡日本，带去了胡饼等糕点及其制作工具和技术，还把中国的饮食文化传到了日本。日本人使用筷子的习惯就是受中国影响的典型例子。同时，日本遣唐的留学生归国时也将中国的岁时饮食习俗和制酱法等烹饪技艺带回日本。

除了陆上丝绸之路外，海上丝绸之路也在中国饮食文化的传播过程中发挥了重要作用。泰国作为海上丝绸之路的重要枢纽，与中国交往频繁。自唐代以来，泰国与中国的交流就十分密切。中国的饮食文化对泰国产生了深远影响，泰国从食品原料到饮食品种都与我国有许多相似之处。特别是中国的陶瓷传入泰国后，极大地改变了当地居民的生活习俗。同时，中国的制糖、制茶以及豆制品加工技术也传入泰国，推动了当地食品业的发展。

此外，中国的饮食文化还对缅甸、老挝、柬埔寨、菲律宾、马来西亚等国家产生了重要影响。

2. 饮食文化的中西比较

（1）饮食观念的差异

中国人注重口味体验。“味”是中国饮食魅力的核心。对中国人来说，饮食的目的除了满足基本的饱腹需求外，更重要的是追求美味带来的身心愉悦。

相比之下，西方的饮食观念更加理性，其饮食文化更注重食物的营养价值而相对

不那么注重口感体验。

（2）烹饪方法的差异

在中国，烹饪被视为一种艺术。中国的烹饪方法多种多样，如熘、焖、烧等无所不有，制作出的菜肴琳琅满目。

西方的烹饪方法相对简单直接，更注重食材的原味和天然性。西餐的装盘立体感强且可食性强，点缀品通常是主菜的配菜而非仅作装饰之用。此外，西餐在选材上更倾向于新鲜、无污染的食材，以发挥其本味。

（3）用餐礼仪的差异

在用餐礼仪方面，中西文化也存在显著差异。中国古代就有一套烦琐的用餐礼仪规范，《礼记》中有详细的相关记载。这些礼仪在现代仍然具有一定的实际意义。

在西方宴席上，礼仪相对简单。西餐文化强调个人自主性和独立性，并且注重保持餐桌上的安静与整洁。

（4）用餐器具的差异

中国人的餐具以筷子为主，辅以各种形状和大小的杯盘碗碟等器皿，并且讲究餐具与菜品的搭配和美感呈现，“美器”成为中国饮食文化中的一个重要元素。

西方人则主要使用金属刀叉以及各种专用杯、盘、盅、碟等器皿用餐，在装盘配器方面并不像中国人那样强调艺术美感，其餐具种类和菜肴造型相对较为单一。

思考题

1. 中国饮食文化的概念是什么?
2. 中国饮食文化的特点是什么?
3. 简述中国饮食文化四大基础理论。
4. 怎样理解饮食养生是中国饮食文化的主要特征之一?

第一章

中国饮食文化发展历史

学习目标

1. 了解中国饮食文化的发展阶段。
2. 掌握中国饮食文化各发展阶段的特点。
3. 了解中国饮食发展的趋势。

中国饮食文化源远流长，在漫长的发展过程中，形成了丰富多彩的内涵与扎实深厚的技术基础。这段历史大致可分为起源时期、初步形成时期、发展时期、成熟时期、繁荣时期五个阶段。

第一节　中国饮食文化的起源时期

在这一时期，我国先民从完全依赖自然的采集渔猎，逐步发展到主动地征服、改造自然，并开始了农耕生产和畜牧养殖，这使得人们的饮食生活发生了明显的变化。

一、饮食的起源

中国饮食文化以我国的物产为物质基础，由简而繁，由少到多，不断拓展，逐渐形成了深厚的历史文化积淀。

1. 食物的获取

我国早期的人类主要采集植物的果实、嫩叶、根茎以及捕捉鸟兽鱼虫等作为食物，过着原始、粗陋的饮食生活。

新石器时代，人类逐渐掌握了种植谷物和养殖禽畜的技术，我国黄河流域及长江中下游的农业和畜牧业得到了一定的发展。在谷物方面，粟、黍、稷、稻、麦等都是中国最古老的栽培作物，在中国古文化遗址中有大量遗存。在河南裴李岗遗址、河北磁山遗址，以及河南仰韶村遗址中都曾发现过粟类作物遗存。中国已发掘的新石器时代文化遗址中，发现过许多稻谷的遗存物。其中，湖南曾发现距今 7 000 年以上的稻谷遗存，浙江余姚河姆渡遗址发现的稻谷遗存也有近 7 000 年历史。我国新石器时代遗址中出土的炭化粟和炭化稻谷分别如图 1–1 和图 1–2 所示。

图 1-1　炭化粟

图 1-2　炭化稻谷

裴李岗遗址中出土了大量的磨制石器，如石磨盘、石磨棒、石铲、石镰等，如图 1-3 所示。这些工具表明，当时我国的原始农业已发展到相当高的水平，谷物加工技术也相当发达。

石铲

石磨盘、石磨棒

图 1-3　裴李岗遗址出土的磨制石器

在禽畜方面，猪、狗、羊、鸡、牛、马等先后被人工饲养，在中国古文化遗址中也有大量出现。例如，在磁山遗址出土过猪、狗、鸡等家畜、家禽的骨骼；在仰韶村遗址中，有大量猪、狗的骨骼；在河姆渡遗址中，也发现了猪、狗被人工饲养的证据。由于能够人工种植谷物、饲养禽畜，所以中国古人的食物来源相对稳定，为中华饮食文明的萌芽创造了必不可少的条件。

2. 原始时期的烹饪方法

从生食向熟食的转化是人类发展史上一个重要的里程碑，它标志着人类与动物的显著区别，也可以被视为人类饮食文明的起点。用火制作熟食孕育了原始的烹饪技术。

在原始社会，人类用火制作熟食的过程大致经历了火烹、石烹和陶烹三个阶段。新石器时代，随着烹饪手段的增多和水平提高，各种烹饪方法逐渐稳定下来并为后来各具工艺流程和标准的烹饪技术门类奠定了基础。一般认为这些烹饪方法包括火烤、炭炙、灰煨、石烙、石烹、陶烙、陶煮、陶蒸等，此外，还由陶煮、陶蒸衍生出了酿造技术。

（1）火烤法

火烤法，即在火堆和火塘之上，用竹、木穿起原料进行明火烤制的方法。这种方法主要适用于动物性原料。它对原料形状要求不高，但加工后的颗粒状谷物不适合使用火烤法。尚未完全成熟的谷穗、稻穗则可以烤制食用。目前，火烤法的应用仍然非常广泛。

（2）炭炙法

炭炙法利用火堆、火塘中未完全燃烧的炭化木材和灰烬的辐射热量将原料制熟，也可用陶罐、陶盆盛装木炭进行炙制。由于无明火，所以特别适宜用于小型动物性原料、非颗粒状的谷物和其他块状、条状的植物根茎。现今的烹调方法“熏”即源于此。

（3）灰煨法

灰煨法据说是因为烹饪时原料意外落入仍有热量的灰烬中而产生的。它是将小型植物根茎及小型肉类原料制熟的有效方法，现在仍有许多地方使用这种方法来烹制食物。

（4）石烙法

人类最初利用被林火加热的石块将颗粒状谷物制熟。新石器时代，人们开始使用加热的石块将各种小型动物性原料和谷物制熟。

（5）石烹法

在掘好的坑底铺上兽皮，加水后再将烧红的石子投入，使水沸腾，从而煮熟食物，这种方法就是石烹法。在中国新石器时代的文化遗址中，已经发现了使用这种方法的证据。

（6）陶烙法

陶烙法产生于新石器时代晚期，当时陶器制作技术已经相当成熟。陶烙法是模仿石上燔谷和石烙的结果。由于陶器壁薄、传热快，所以特别适宜用来将加工后的谷物原料制熟。

（7）陶煮法

陶器的发明使得陶煮成为主要的烹饪手段。通过陶器，人们可以根据需要加入各种动物性、植物性原料，从而创造出新的食物和口味。陶煮不仅使得调味成为可能，还标志着中国烹饪技术体系的初步形成。

（8）陶蒸法

在陶煮的基础上发展出陶蒸法，即通过将陶甑（见图 1–4）置于陶鬲（见图 1–5）或陶鼎之上，利用蒸汽将食物制熟。这种方法能很好地保持原料的形状，并使食物更加美味。陶甑是陶器时代的重要发明，在中国烹饪史上具有重要地位。

图 1-4　陶甑

图 1-5　陶鬲

（9）酿造法

植物果实的发酵原本是一种自然现象，人们通过观察和实践逐渐掌握了这种技术，从而制造出了醋、酒等。陶器的出现和陶煮、陶蒸技术的发展也促进了酿造技术的进步，为人们开拓了新的饮食领域。

3. 原始时期的调味

根据考古资料和文献记录，中国饮食起源阶段末期，调味也已出现，此时人们已学会用酸梅、蜂蜜等来调味。在运用陶器进行熟食烹饪时，人们发现将不同的烹饪原料混合加热会产生令人惊叹的美味。陶器的出现还为煮海制盐提供了必要的生产条件，从而使得用盐调味的技术得以发展。

同样，由于陶制器具的发明，酿酒的条件也已经成熟。仰韶村遗址出土的含有谷物发酵酒和曲酒等残留物的陶器表明，先民们在 7 000 多年前就已经初步掌握了酿酒技术。酒不仅可以饮用，还可以作为调味品。至此，以中国烹饪为标志的中国饮食文化已经跨越了真正意义上的“熟食”阶段，开始进入更为完善的形成时期。

此外，我国原始社会的先民已经开始尝试进行药膳制作。

知识拓展

夙沙氏煮海为盐

据说，远古时期，炎帝属下的一个部落居住在今天的山东半岛沿海一带，名为夙沙部落。部落中有一位名叫夙沙氏的人，他既聪明又能干，体力过人，特别擅长使用绳子结成的网来捕捉禽兽和鱼类。

有一天，夙沙氏像往常一样用器具从海里打来海水，在山前的海边生起篝火。他一边将器具放在火上加热，一边清理鱼的内脏。这时，突然有一头野猪从他面前飞奔而过，夙沙氏见状拔腿就追。当他捉住野猪并回到用来煮鱼的器具边时，发现器具里的海水已经熬干，器具底部留下了一层白白的细末。他好奇地用手指蘸了点细末放到嘴里品尝，立刻感受到一种从未有过的爽口之感。于是，他把野猪肉烤熟了一些，也沾了些细末再吃，感觉味道咸而鲜美。他把这个发现告诉了族人，之后人们就开始主动地煮海为盐。

夙沙氏通过煮海为盐，开创了华夏制盐的先河，这也是盐的起源。后来，夙沙氏被尊称为盐业的鼻祖，史称盐神、盐宗。

二、中国饮食文化起源时期的特点

1. 炊餐器具品种多样

陶制炊具在当时大量涌现，不仅种类繁多，而且形态各异，包括罐、釜、鼎、鬲、甑、甗等多种类型。最初，先民们使用篝火、火塘、火灶来烹煮食物，但随着时间的推移，他们愈发感受到火塘、火灶无法移动的局限性，于是便创造出了陶灶（见图 1-6）和陶炉。这些陶制炉灶具有显著的优势，既便于移动，又能与其他炊具协同使用。然而，它们也存在明显的缺陷，即在长时间高温加热后容易破裂，因此并未得到广泛应用。鼎通常有三足，不仅可以在其下方点火加热，而且它比较稳定、便于移动，是当时较早出现且被广泛使用的炊具。随后，又出现了可用于蒸煮食物的陶鬲、陶甑、陶甗等。

同时，陶制餐具在当时也颇为丰富，不乏精美之作。据考古发现，当时的陶制餐具包括碗、盘、杯、钵、壶、缸、瓮、簋、瓶等，极大地便利了先民的饮食生活。在这些陶器中，有许多堪称艺术品的精美之作，如仰韶文化的人面鱼纹彩陶盆（见图 1-7）、鱼蛙纹彩陶盆、鹳衔鱼纹彩陶缸，龙山文化的彩绘蟠龙纹陶盘、彩绘陶壶、蛋壳黑陶高柄杯以及双层镂孔蛋黑陶杯，还有大汶口文化的八角星形纹彩陶盆等。这些陶器的印文、彩绘或严谨工整，或生动流畅，无不令人叹为观止。

图 1-6　陶灶

图 1-7　人面鱼纹彩陶盆

2. 采集渔猎与农耕畜牧并举

在新石器时代，由于人们逐渐掌握了种植谷物和养殖禽畜的技术，中国的农业和畜牧业得以发展，此时粟、黍、稻成为主要农作物，同时人们种植了芥菜、白菜等蔬菜。在动物性原料上，主要以饲养的猪、狗为主，同时也有一定量的牛、羊、鸡、马，“六畜”齐备。

然而，受生产技术和各种条件限制，仅依靠农耕和畜牧业提供的谷物、蔬菜及肉类食物，并不能完全满足先民们的饮食需求，因此还需依赖采集渔猎的收获。新石器时代早期的一些文化遗址中，就发现了众多野生禽兽，种类多达数十种。例如半坡遗址中出土的猎获物包括鹿、野兔等；河姆渡遗址不仅出土了走兽飞禽，还发现了多种水生动物。这些都表明，当时渔猎收获仍然是人们食物的重要来源之一。直到新石器时代后期，各类遗址中的野生动物遗骨才逐渐减少。

采集渔猎与农耕畜牧的并举，极大地丰富了人们的食物品种，从而初步形成了中国人以粮食为主食、蔬菜和肉类为副食的饮食结构。

3. 烹饪技艺初步发展

这一时期，烹饪技艺的初步发展体现在食物原料的初步加工、蒸煮烹饪方法和调味方法的产生。

食物原料得到了初步加工。此时，人们已经使用石磨盘、石磨棒、石臼、石杵等工具来研磨、碾制粮食，同时利用磨制的石刀、贝刀、骨刀以及陶刀等来切割整体或大块的肉，从而更便于烹制。

煮、蒸等烹饪方法开始出现。在陶器出现之前，人们只能采用直接的火制熟食方式，如烧、烤、煨、熏等。而陶器的出现为水熟法提供了可能，极大地丰富了烹饪方法。

调味方法也应运而生。先民们在使用陶制炊具烹煮食物时，逐渐发现某些菜与肉混合烹煮能产生美味，于是开始有意识地选择食材进行搭配，形成了原始的“调羹”。这种羹并未添加任何调味料，也被称为“太羹”。随着“煮海为盐”技术的掌握，人们开始使用盐作为调料，烹饪出更加美味的食品，调味方法由此产生，烹饪也进入了既烹且调的时期。

由于食物原料的多样化和加工方法的丰富，人们可以直接用火烧、烤、煨、熏食材，或利用炊具进行煮、蒸、炖等，并进行调味。这使得饮食品种增多，也更为美味。

第二节　中国饮食文化的初步形成时期

夏、商、周时期是中国饮食文化的初步形成时期。农业的进步在不同程度上推动了畜牧业、手工业和商业的发展，食物供给日益丰富，人们的饮食也因此迈入新的发展阶段。此时，中国饮食文化基本形成了一个完整的、具有独特内涵的文化体系，这一体系是物质层面与精神层面的有机结合。

一、历史背景

1. 农业的发展

夏、商、周的统治者都十分重视农业生产，常强迫大批奴隶进行农业耕作，使农业生产得到了显著发展。根据文献记载，农业在夏代经济中已占重要地位。《论语·宪问》中提到，“禹稷躬稼而有天下”，《论语·泰伯》中则说禹“尽力乎沟洫”。禹不仅大力治水以减少洪灾，而且引水灌溉农田，从而促进农业发展。

夏代，大批奴隶从事农业生产，他们的辛勤劳动极大地推动了农业生产的发展。夏代的中心地区位于黄河中游，这里气候适宜，土地肥沃，非常适合农耕。在河南偃师二里头遗址出土的石刀、石铲（见图 1-8）等工具，显示了当时农业生产的进步。同时，夏代已积累了相当丰富的天文、气象和物候知识，这些知识对农作物的播种、收获和增产起到了一定的作用。

商朝时期，商王不仅亲自视察农田，进行农业祭祀活动，还常命令臣下监督农耕。甲骨文中有大量关于农事活动的记载，如“受年”“受黍年”“受稻年”等词句频繁出

图 1-8　二里头遗址出土的石刀、石铲

现。这一时期，农业生产已经能够提供较多的剩余产品，而盛行的酿酒、饮酒风气也从侧面反映了农业生产的兴旺。

同时，商代农业生产技术的一个重大进步是使用了畜力进行耕地，这标志着农业生产达到了新的水平。此外，商代初期农田灌溉已开始兴起，历法也更为精确，促进了农业生产的发展。

农业生产的进步也带动了畜牧业的高度发展。以商朝为例，“六畜”已经齐备，不仅供人们食用，还用于祭祀。

西周时期，周天子每年春天都会举行仪式，亲自下地犁田以劝民务农。

春秋时期，各国为了富国强兵更加重视农业。这一时期，牛耕开始普遍推广，农业科学技术知识有了新的积累，铁制农具也已被制造出来。到了战国时期，奴隶制逐渐被封建制所取代，农民的辛勤劳动使农业生产得到了迅速的发展，人们的饮食生活也相对丰富，这为我国饮食文化的发展奠定了深厚的基础。

2. 手工业的发展

随着农业的发展以及生产部门的进一步分工，手工业也有了新的发展，呈现出分工和技术日趋精细、产品品种不断增多的特点。

中国古代青铜器起源甚早，源远流长，经夏、商、周三代而臻于隆盛。在文献中有禹铸九鼎的记载。

基于已有的考古发现，有学者认为夏朝可能已经从石器时代过渡到了青铜器时代。殷商时期，青铜器的制造已经达到了炉火纯青的境界。商代后期，青铜食器开始以特定的组合方式出现，不但数量大幅度提升，而且面貌各异，精品迭出。图 1-9 所示为著名的商后母戊方鼎。

3. 商业的形成与发展

随着农业、畜牧业和手工业的发展，剩余产品逐渐增多，便开始出现商品交换，进而商业贸易兴起，市场也随之出现。

商代已经出现了以贝币（见图 1-10）为代表的货币。西周时期，商业已有显著发展，商贾这一阶层应运而生。他们拥有自己的组织，并在指定的市场交易，受到管理市场的官吏的监督。到了春秋战国时期，大梁、邯郸、临淄等城市形成了著名的商业中心，商业日益繁荣。

图 1-9　商后母戊方鼎

图 1-10　贝币

4. 饮食业的兴起

农业和畜牧业的兴旺，为人们提供了丰富的食物原料。手工业和商业的日趋兴盛、繁荣，为人们提高烹饪技艺、产生饮食市场创造了条件。尤其是青铜器的出现及其在烹饪、饮食中的使用，在中国历史上具有划时代的意义。它不仅标志着中国饮食器具进入金属时代，也促进了中国烹饪技术的发展和提高。

饮食市场的出现是在普通的“市”出现之后。文献资料表明，商朝的都邑市场上已经开始有饮食店铺，出售酒肉饭食，有饮食品的经营者、专业厨师。当时朝歌屠牛、孟津市粥、宋城酤酒、齐鲁市脯等，都是很有影响的饮食品经营活动。商朝名相伊尹曾经是一名厨师，还有资料说他当过“酒保”。姜太公吕尚也曾在朝歌和孟津干过屠宰、卖酒之事。

到了西周时期，商业发展较快。为满足往来客商的饮食需要，饮食市场有了极大的发展。在都邑中，甚至出现了不仅提供饮食还提供住宿的综合性店铺。

春秋战国时期，各种饮食店铺不断增多，专业厨师的烹饪技艺不断提高。当时的饮食店铺已经比较多，竞争较为激烈。经营者为了生存，必须提供优质的食品和服务。而饮食店铺的增多，也促使专业厨师的烹饪技艺不断提高。

5. 宴席的产生和饮食制度的确立

宴会是社会生产发展的产物。只有当人们有了剩余和积贮的丰富食物，才能举行宴会。在我国古代文献中，宴会的含义较为广泛，大体而言，主要有以下三种含义：

第一种意义的宴会是简单的会餐。在遥远的古代，一旦食物有了积余，宴会就可

能产生。在庆祝活动后，部族的人会共同会餐，这标志着宴会的起源。当然，这时的宴会也可视为一种最早的聚餐方式。

第二种意义的宴会即以酒肉款待宾客，可能在原始社会末期开始兴起。此时，私有财产逐渐形成，不同的部落之间在生产上也有所分工或侧重。因此，部落之间或同一氏族内的不同家族之间开始互有往来，主人接待客人时，这种宴会便应运而生。

第三种意义的宴会是宴飨。宴飨包含两种不同的含义。一是“酒肉祭神”，包括祭祀天地、神灵、祖先，这可能是从原始社会末期开始形成的习俗。二是“饮宴群臣”。最初可能是部落联盟的首领召集各部落的头领商讨大事，并在事后与他们共同宴饮。奴隶社会形成后，这一习俗演变为“饮宴群臣”。上古时期，虽然宴会形式已有多种，但由于物质生产水平的限制，总体来说仍然非常简单。

随着时代的发展和生产力的提高，祭祀和宴会也逐渐丰富起来。史书记载的夏启钧台之享，是目前所知的最早的宴会记录。进入商代后，祭天地、享鬼神成为定制，同时人们的饮食也变得更加讲究。

周朝以后，宫廷饮食制度更加条理化，从原料采购到烹制方法、营养搭配以及餐具选择都有了一套完整的程序，分工详细且职责明确。宴席的陈设、菜肴的摆放、陈尊俎、列笾豆以及奏乐曲等细节都体现了当时的奢华与威风。周朝改变了以往宴席主要为祭祀而设的惯例，创立了许多为人际活动而设的宴席制度，如宴席菜肴制度及献食制度等。

战国以后，新兴的地主阶级和王公贵族承袭了周朝的宴饮旧制，并对其进行了改变。宴席和宴会开始走出庙堂和王室，进入地主家庭并对民间产生了深远影响。士庶们纷纷效仿，在各种庆典、节日以及婚丧嫁娶等场合举办宴席。可以说，中国的饮食制度和宴饮风尚至此已基本形成。

二、中国饮食文化初步形成时期的特点

中国饮食文化的初步形成时期，饮食方面取得了巨大的进步。不仅在炊餐器具、食物原料、饮食品制作等物质层面有了新的变化，更值得关注的是饮食思想与理论、饮食制度与礼仪等精神和制度层面的创造性发展。这一时期的主要特点包括以下几个方面：

1. 烹饪工具与食器种类增多

在这一阶段，烹饪工具与饮食器具由原先的陶制转变为青铜制，这是此时期的重要成就之一。相较于陶器，青铜器在坚固性和热传导性方面有着显著优势。

青铜食器可以根据其功能不同细分为烹煮器、盛食器、挹取器及切肉器等，其中烹煮器和盛食器的种类和数量最多。鼎、簋、鬲、豆等，都是人们耳熟能详的器皿。

（1）烹煮器

在商周时期的青铜器中，鼎的数量最多，地位也最为重要，主要用于烹煮肉类。商周墓葬中出土的青铜鼎内常存有牛、羊、猪等各类动物的遗骸，考古资料也进一步证实了鼎的实际用途。

鬲的功能与鼎相似，同样用于烹煮肉类，这一点可以由东周时期的随葬陶鬲中发现的动物残骨得以佐证。

甗的设计非常巧妙，上半部分为甑，用于放置食物，下半部分为鬲（有时也做成鼎形），用于盛水并加热。甑与鬲之间有一个带有孔洞的箅，当鬲中的水被加热时，蒸汽会通过箅上的孔洞上升，从而加热甑中的食物，其作用类似于现代的蒸锅。殷墟妇好墓中出土的三联甗（见图 1–11）就是一个典型的例子，它由三个甑和一个长方形的鬲组成，能够同时蒸煮三份食物，设计极为精巧。

（2）盛食器

盛食器主要包括簋（见图 1–12）、盨、簠、敦和豆等，这些器具主要用于盛放各种主食，如黍、稷、稻、粱等。其中，豆还可以用来盛放肉酱、肉汁及酱菜等食品，其功能类似于现代的菜盘。

图 1–11　三联甗

图 1–12　簋

（3）挹取器、切肉器

挹取器指匕，它多被放置于鼎、鬲、甗等器皿中，主要用于取肉食和饭食。切肉器则是指俎，这是一种专门用于切肉的几案。俎面上设计有镂孔，这是为了方便在切肉过程中，将挤压出的肉汁渗流掉。从功能性角度来看，这些食器之间存在着紧密的联系。例如，鼎、俎、匕构成了一套完备的处理肉食的工具组合，人们使用匕从鼎中取出肉，然后将其放置在俎上进行切割，这样的操作流程在祭祀和宴饮场合中尤为常见。

由于周人高度重视饮食文化，所以鼎、簋等食器逐渐升级，成为青铜礼器的核心组成部分。西周时期的青铜食器制造业高度发达，还涌现出了许多新的器型，如簠、盨等。

在这一时期，鼎通常以奇数出现，而簋则以偶数出现，从而形成了“列鼎”的器用制度。礼祭时，天子使用九鼎，诸侯使用七鼎，卿大夫使用五鼎，而士则使用三鼎。《诗经·周颂·丝衣》中就有“鼐鼎及鼒，兕觥其觩”的描述，这生动地展现了周王在进行祭祀和宴饮时的盛大场面。这里的“鼐”指的是大鼎，而“鼒”则代表小鼎，“鼐鼎及鼒”即指一套尺寸有等级差别、由大到小排列的鼎。

东周时期，青铜文化呈现出鲜明的地域特色。青铜食器在这一时期同样展现出了丰富多彩的风格。河南淅川下寺出土的春秋时的王子午鼎，具有平底束腰特征。在长江下游以及广东、广西等南方地区，流行着一种被称为“越式鼎”的铜鼎。这种鼎的三足细瘦且外撇，极具地域特色。在河北、北京一带，则常见一种被称为“燕豆”的铜豆，其风格同样独特。

2. 烹饪原料品种日益增多

夏、商、周时期，烹饪原料不断丰富。从考古发现和古籍记载来看，这些原料按类别可分为植物性原料、动物性原料、加工性原料、调味料、佐助料等五大类。

随着夏代农业生产的进步，谷物产量也有所提升。由于夏人的活动中心位于黄河中游，因此粟、黍可能仍是主要的栽培谷物。同时，稻可能已成为较为重要的栽培谷物。

从文献记载来看，商代已有粟、粱、稻、稷、黍、秫、稗、苴、菽、麦等多种粮食作物，这显示出农业生产已相当发达。

在这一时期，蔬菜种植已形成一定规模，品种包括萝卜、芥、韭、芹、笋等多种。随着蔬菜栽培经验的积累，果树的栽培也得到了进一步发展。桃、李、梨、枣、杏等水果已成为上层社会人们闲暇时的美味佳肴。这不仅反映了当时上层社会饮食生活的显著改善，也彰显了种植业的长足进步。

与新石器时代相比，当时的养殖业已取得了显著发展，在规模、种类上都达到了新的高度。然而，渔猎仍是人们获取动物性原料的重要途径之一。研究结果显示，当时的畜禽类包括牛、羊、猪、狗、马等多种，水产类则包括鲤、鲂、鳟、鳢等鱼类以及龟、鳖等。此外，还有乳、卵等食材。

在这一时期，调味品也有了显著的发展。特别是在周代，统治者对美食的追求极大地推动了调味品的研发和应用。当时出现了许多新型调味料，如干姜、高良姜、椒等香料以及石蜜、蔗糖等甜味料。《周礼》中记载，仅供周王室食用的酱类就多达百种，可见当时调味品的丰富程度。

3. 烹饪技艺日趋成熟

青铜的出现以及青铜器在烹饪上的应用，对烹饪的发展起到了很大的促进作用，特别是为我国烹调技艺奠定了良好的基础。

此时，烹饪技法有了进一步的创新，出现了煎、炒、烹、炸等烹调方法。这些烹调方法的出现，必须同时具备三个条件：一是刀具，以实现菜肴的精细切割；二是油脂，作为高温传热介质；三是传热迅速且耐高温的金属炊具。这些条件在当时已经成熟。河南新郑李家楼的春秋大墓中出土的“王子婴次”青铜炉（见图 1-13），从侧面为春秋时代已掌握煎、炒、烹、炸等烹调方法提供了实物证据。湖北随县发掘的曾侯乙墓中，出土了一件青铜炉盘，进一步印证了这一点。

图 1-13　“王子婴次”青铜炉

从文献记载来看，周代“八珍”的烹制方法中，已有“煎”这一技艺的记载。春秋至战国时代的楚国地区，文化繁荣，贵族奢侈的生活也推动烹调技艺达到相当高的水平。

4. 烹饪原理的形成

周代以后，人们在长期的烹调实践中逐渐掌握了操作技术的要领，并提出了一些最初的指导性原理。尽管这些原理文字简略且具有概括性，但人们仍可从中窥见当时对烹调认识的深刻程度。这些原理对后来烹饪的发展产生了重要推动作用。

在我国古文献中，最早谈及烹调原理的是《左传》所记载的晏子与齐侯的一段对话。这段话的大致意思是，齐侯打猎归来，晏子在遄台陪侍。梁丘据驱车赶到，齐侯说：“只有梁丘据与我和睦啊！”晏子回答：“梁丘据只是跟您相同而已，哪里说得上和睦?”齐侯说：“和睦与相同不一样吗?”晏子回答：“不一样。和睦就像做羹汤，用水、火、醋、酱、盐、梅来烹调鱼和肉，用柴火烧煮。厨工调配味道，使各种味道恰到好处，味道不够就增加调料，味道过重就用水稀释一下。君子吃了这种肉羹，用来平和心性。”

这段对话虽然讨论的是羹汤的调和，但内容涉及味道的调和、口味的轻重以及火候的调节，显然这些原则也适用于多种菜肴的烹制。

到了战国时代，由于生产力的发展以及中原与边远地区烹饪方法和文化的相互交流，我国的烹饪技艺得到了很大的提升。

关于水火运用的原理，《周礼》中提到，“亨人”需要掌握烹煮食物时水的用量和火候的大小。除了负责烹煮外，他们还需要辨别所供给的食物的优劣。到了战国时代，人们已经认识到水火的运用是烹调菜肴的重要条件之一。

5. 中国饮食养生观念的形成

这一时期，古人逐渐形成了饮食养生的观念。《周礼》对于当时的“六谷”“六牲”“六清”等礼食的规范，不仅将食、饮、膳、馐具体化，更将养生之道作为饮食结构变化的依据。

礼仪制度在很大程度上影响着饮食结构的变化规律，这体现在食礼定制下的两种情况。一是日常饮食随四时变化。古人将烹饪原料的开发利用与顺应天时相结合，使人们的饮食行为更能体现烹饪原料开发利用的四时之变，从而客观上达到食礼制度规定下的适时而食。这种变化从烹饪工艺和原料搭配的角度强调了四时的饮食调和规律，“六谷、六牲、六清”便是由此而发。二是从“食医”角度提出的以五行相生相克为依据的四时之变。在食礼的强调下，饮食结构随四时变化的规律被重视。在食医看来，配膳、烹调中的五味，应当以和谐为宜。根据五行学说，食物中的酸、苦、甘、辛、咸分别属于木、火、土、金、水五行，五行之间存在着相生、相克、制化的关系。春天需要酸味多，夏天需要苦味多，秋天需要辛味多，冬天需要咸味多。因食调和、适时而食不仅是中国传统养生观念的重要组成部分，也是饮食制度的一项重要内容，更是食礼规定下先民饮食结构变化的依据，甚至可以说是先民饮食结构应时之变的内在动力。

中国饮食文化的初步形成时期与中国青铜器文化的辉煌时期相吻合。这一时期，由于陶器向青铜器的转变以及生产力的提高，社会经济、政治、思想、文化全面发展并跃上了一个新的台阶。中国饮食文化也在多个方面取得了辉煌的成就，在烹饪原料的开发、烹饪工具的革新、烹饪工艺水平的提高、烹饪产品的丰富与精美以及烹饪消费的多层次与多样化等方面都形成了鲜明的特色和独特的体系，并由此形成了中国传统的饮食养生思想与食疗食治的理论体系，这为中国饮食文化的进步与发展奠定了坚实的基础。

第三节　中国饮食文化的发展时期

秦、汉、唐时期是中国饮食文化的发展时期。这一时期，中国饮食文化承上启下，创造了一系列重要的文化财富，为后续中国饮食文化走向成熟奠定了坚实的基础。

一、历史背景

1. 农业快速发展

秦朝采取了一系列经济措施以推动农业发展，例如，政府提高粮价以增加地主和农民的收入，并实施了有益于农业的税收政策。为了推动农业生产，秦朝十分重视耕牛的保护、饲养与繁殖，以及农业基础设施的维护和改善。

两汉时期，政府采取了轻徭薄赋、宽缓刑罚以及休养生息的政策，以恢复农业生产。这一时期，兴修了龙首渠、六辅渠、白渠、成国渠等水利工程，并积极推广先进的农业技术。中原地区则进一步推广了水稻种植技术。这一系列积极措施极大地推动了农业生产的发展。

秦朝时期，人们已经开始利用温泉来种植蔬菜。到了汉代，更先进的温室栽培技术应运而生。

自西汉起，中国与外界的交流日益频繁，许多新的食物原料传入中国。此外，在这一时期，畜牧业也得到了一定的发展。汉朝时已经引入了驴、骡、骆驼的饲养技术，并开始大规模地进行池塘养鱼。图 1–14 是汉代画像砖弋射收获图。

图 1-14　汉代画像砖弋射收获图

2. 工具加工业繁荣发达

汉代，由于冶铁技术的进步，铁被广泛用于制造烹饪器具，如刀、釜、炉和铲等。从古荥汉代冶铁遗址出土的大量铁器（见图 1-15）可以看出，由于采用了高炉炼铁技术并提高了钢铁产量，铁器已广泛普及到社会各领域，从而极大地推动了经济、文化的发展。

在河南南阳，出土了一口直径达 2 米的汉代大铁锅，这体现了当时铸造技术的先进水平。铁制刀具和铁锅的广泛应用，推动了烹饪工具和烹饪技艺的显著进步。

汉代的金银镶嵌技术也达到了很高水平，制造出了许多珍贵的餐饮器具。到了唐代，金银加工技术更加精湛，利用“金银平托”工艺制作的饮食器具异常精美。唐代还创新制作了移动式炉以及用于食材加工的刀机。

从西汉到东汉，人们先是使用铜镜“阳燧”取火，后来改用玻璃制“阳燧”，可以在阳光下直接取火。汉代，人们已经开始使用竹木制作蒸笼和面点模具。西汉时期，北方地区出现了碾，后来又出现了水推磨，这些都是粮食加工机械的重要创新。据史料记载，唐代宦官高力士曾制造出五轮同转的碾，其每天磨麦的能力达到三百斛。

手工业的兴盛成为这一时期经济发展的重要标志之一。秦汉时期的漆器工艺尤为出色，其生产分工已经非常精细。长沙马王堆汉墓中出土的漆器不仅数量众多，而且质量上乘、工艺精美，令人赞叹不已。汉代的漆器种类繁多，包括鼎、壶、樽、盂、杯、盘（见图 1-16）等饮食用具，奁、盒等化妆工具，以及几、案、屏风等家具。南北朝时期的脱胎漆器工艺和唐代的剔红工艺，充分展现了这一时期漆器艺术的精湛水平，并反映了漆器在当时人们饮食活动中的重要地位。同时，陶瓷烧制技术也取得了前所未有的进步。

图 1-15 古荥汉代冶铁遗址出土的铁器

图 1-16 汉代漆盘

盐业生产在这一时期获得了显著发展。汉代人们已经能够生产池盐、井盐和海盐。到了东汉时期，出现了利用“火井”（即天然气）煮盐的技术。唐代的盐产品花色品种丰富，颜色包括赤、紫、青、黄等，形状也多样化。

酿酒业取得了长足发展，酒的种类不断增多，涌现出许多名酒。值得一提的是，在唐代，饮茶之风已经广泛流行，茶树种植范围很广，茶叶产量大幅提升。

3. 交通便捷，饮食市场兴旺

秦汉时期，统治者高度重视道路交通建设。从秦朝修建驰道和灵渠，到汉朝修筑驿道，再到隋朝修建运河，交通的便捷性在客观上极大地推动了中国与其他国家的经济和文化交流。

自秦汉开始，就已建立起全国性商业网络。城市商贸繁荣，大城市饮食市场中的食品种类相当丰富，涵盖谷物、水果、蔬菜、水产品、饮料和调料等。汉代长安城出现了鱼行、肉行、米行等商家。

汉唐两代商业的蓬勃发展，催生了一个繁荣兴旺的饮食市场。《史记》中记载：“卖浆，小业也，而张氏千万。洒削，薄技也，而郅氏鼎食。胃脯，简微耳，浊氏连骑。”这说明，经营酒水和胃脯能带来巨额财富，由此可见汉代饮食市场的繁荣与兴旺。

据史料记载，西汉时的司马相如和卓文君开办酒家，从而留下了“文君当垆”的佳话，并开创了女性市肆招待的先河。

唐代的饮食业相较之前更有发展。长安设有东、西两市，市中的饮食业规模较大。据史料记载，两市每日都有宴席，只需举起锅铛即可取食，因此四五百人的宴席可以迅速筹备完毕。在住宅区的坊内，也有经营饮食的商户，并出现了一些知名小吃。洛阳、汴州、扬州、益州等地的饮食市场也异常活跃。唐末至五代时期，夜市在汴州、扬州等地出现。

二、中国饮食文化发展时期的特点

中国饮食文化在这一阶段展现出了繁荣的景象。无论是在烹饪原料的开发与利用上，还是在烹饪技术及烹饪产品的探索与创新上，或是在饮食消费过程中的文化创造现象以及饮食理论研究等方面，都呈现出了兴旺发达的局面。

1. 烹饪原料丰富

由于生产力的提高，这一时期烹饪原料的品种和产量都大大超过了以前。粮食产量的提升改变了人们饮食生活中的粮食结构。汉代被认为是豆腐的起源时期，这一发明对中国乃至人类饮食文化做出了巨大贡献。图 1-17 是河南新密东汉墓中发现的制豆腐图。同时，植物油开始被用于烹调，为烹调工艺的创新提供了原料支持。此外，各民族间的文化交流使得大量外域的烹饪原料品种被引入，进一步丰富了中国人的饮食选择。唐代孙思邈所编的《千金食治》中，记录了 150 余种用于饮食疗病的谷、肉、果等食物。

图 1-17　东汉墓中的制豆腐图

在粮食生产方面，到了唐代，中原地区的水稻生产技术得到了显著提升，同时种植规模也有所扩大，南方稻在北方得到了进一步的发展。随着水稻产量的逐渐提高，人们的粮食消费结构也发生了变化。

在汉代，蔬菜的品种数大幅增加。西汉时期，许多新的蔬菜品种被引入中国。这一时期的许多文献都记录了大量的烹饪原料，如《游仙窟》记载了鹿舌、鹿尾等珍稀食材。这些都极大地丰富了人们的饮食选择，为烹饪技术的进步提供了坚实的物质基础。

在这一时期，动物性烹饪原料也发生了一些变化。首先，肉类食物在整个膳食结构中的比重有所增加。其次，不同种类的肉畜，尤其是羊和猪，在肉食品中的地位变得尤为重要。鸡鸭犬兔等肉类也是厨房中的常见食材。同时，水产品也变得非常丰富。由于水产养殖技术的提高，水产品的种类和数量都大大超过了前期。

在两汉以前，我国的食用油主要来源于动物脂肪，而植物油的利用似乎还未开始。

但到了魏晋南北朝时期，至少有胡麻、荏苏和芜菁等植物的籽实被用于榨油。植物油被用于炒、煎、炸等烹饪方式，使得唐代的美食佳肴及名点名吃数量大幅增加。植物油的出现是中国饮食文化史上一个重要的里程碑，它推动了我国烹饪技艺的重大变革。

2. 烹饪工艺与饮食方式的改变与进步

这一时期，由于烹饪炉、灶等饮食设备与工具相继出现并不断得到改善，炊具种类不断增多，形成了较为完整的功能体系。在烹饪技法方面，食品的蒸、煮、炮、炙技术不断提高，同时，熬、炸等烹饪方法也逐渐被发明并应用。原料搭配和调味技艺也变得越来越讲究。

秦代以前，人们把谷物放在石臼里用杵来舂捣。食用的方式就是粒食，即整粒食用，而不是把谷物磨成粉。到了汉代，人工手推和用畜力牵动的石转磨逐渐普及，粉食逐渐在人们的饮食中占据重要地位。当时，用粉做的食物主要是饼。在主食烹制方面，两汉时期饼食开始流行，花样繁多。据史料记载，东汉时期已经出现了胡饼、蒸饼、汤饼、蝎饼、髓饼、金饼、索饼等多种饼类。隋唐以后的文献中，饼类的花色更是丰富多样。大体而言，后世常用的烙、蒸、煮、炸四种制饼方法，在当时均已出现。

随着烹饪技术的发展，烹饪产品的制作要求日益规范，烹饪劳动也变得越来越复杂，劳动分工也越来越细致。根据出土的汉代画像砖、画像石，汉代以后在菜肴制作上，灶、案已明确分工，切割和烹调各自独立，由不同的厨师分工合作完成。面点的制作也形成了一个独立的体系，揉面、制作半成品、蒸制已与切割、烹调区分开来。至于宰杀、酿造、谷物加工、干品制作等，虽然仍属于厨房劳动的一部分，但随着批量的生产，这些工序在战国时期已逐渐发展成独立的行业，汉代以后规模更大。厨房内部技术的细致分工，从一个侧面反映出汉代以后烹饪技术水平的快速提高。

值得一提的是，油煎法在汉代以后迅速发展，这是铁刀、铁锅及植物油的使用所促成的。随着谷物制粉技术的发展，面点的制作技术也相应得到了提升。发酵面的制作技术在当时已经形成，并因此出现了一些新的食品品种。此外，食品着色技术的出现使得人们能够利用植物色素来改变食品的颜色。食品的保鲜、贮藏方法也得到了改进，如蜜藏、酱藏等。这些方法不仅保存了原料，还增加了食品的美味。同时，由于铁器的应用，食品雕刻技术有所进步，雕刻的品种也有所增加。

3. 美食名馔品种增加

烹饪原料的丰富、烹饪工具的改善以及加工技术的提高，都使得烹饪品种得到了增加。西汉时期的枚乘在《七发》中写到了肥牛、肥狗、熊掌、里脊、鲤鱼、鲜笋、香蒲、芍药酱、紫苏、美酒等众多美食。虽然有些夸张，但也体现出当时菜肴品种之丰富。

隋代谢讽所著的《食经》中的食单则更加令人赞叹，此单很可能是御宴食单，其中包括“飞鸾脍”“剔缕鸡”“乾坤夹饼”“龙须炙”“千金碎香饼子”“花折鹅糕”等50余种菜品。

唐朝韦巨源的《烧尾宴》记载的食单包括“单笼金乳酥”“巨胜奴”“贵妃红”“金铃炙”“光明虾炙”“御黄王母饭”“红羊枝杖”“遍地锦装鳖”等近60种。这些菜品多属宫廷饮食，突出反映了当时的烹饪水平。

民间市肆也有许多知名品种。菜肴方面有“五侯鲭”“五味脯”“炙猪”“猪蹄酸羹臛”“跳丸炙”“鸭煎”“鸡羹”“糖醉蟹”“七宝羹”“蛇肴”等。面点品种有“膏环”“截饼馒头”等，尤其是发酵面的制品更加丰富。

随着烹饪技艺的不断发展，涌现出了难以计数的美味佳肴。其中特色最突出的是包括食品雕刻在内的众多花色菜点。食品雕刻到隋唐时期有了极大的发展，用料范围也不断扩大。唐朝韦巨源的《烧尾宴》中记载了两款食雕菜点：一款是用酥酪雕刻的“玉露团”，另一款是用雕刻的鸡蛋壳和油脂再加其他原料制作的“御黄王母饭”。至于其他花色菜点，有的是组合拼盘，有的是象形菜点，有时甚至用模具拓印而成，设计新颖且造型美观。唐朝尼姑梵正用脍、脯、酱、瓜、腌、蔬等原料，模仿各种景物。若食客有20人，则每人可分到一“景”，合起来便是当时长安附近名胜辋川的图样，这被称作“辋川小样”。它是现今已知最早的风景拼盘，可谓匠心独运的佳作。图1-18是名为“国色天香”的一种冷拼。

图1-18　冷拼“国色天香”

4. 宴席制度的发展

汉以后的封建统治者极为重视宴席。他们使用金盏玉盘，享用各类美食，追求花天酒地、歌舞升平的生活。吃喝的名堂越来越多，宴席场面愈发铺张。统治者如此，民间市肆自然纷纷仿效。中国的宴席文化开始形成体系，逐渐成为中国烹饪文化的代表。

庙堂庆典和祭祀之礼筵，从汉代至五代均遵循周礼，只是在菜肴方面有些变化。而普通人的宴席则日益讲究，名目也愈发繁多。例如，汉明帝曾夜宴群臣，命人进献樱桃，并使用赤瑛盘盛放。月光下观看，盘中之物与盘子一色。关于三国的宴席，虽无明确史料记载，但从西晋左思创作的《蜀都赋》中的描写可见一斑。这篇赋写道，在当时蜀地豪门的宴席上，宾客们围坐在装饰精美的金色酒器旁，四周摆满了各式各样的美味佳肴。人们高举着精美的酒杯相互敬酒，乐师们奏响丝竹之乐，舞姬们舞动着长长的衣袖，翩然起舞。席间没有喝完酒的，还要接受罚酒。

晋代的统治者们更是沉迷于花天酒地的生活。例如，大臣何曾家的厨膳水平甚至超过了皇室，他每天吃饭花费巨资还嫌“无下箸处”。到了隋唐时期，御宴更加奢华。上述谢讽和韦巨源的两份食单就是很好的证明。当时宴席的名目也愈发繁多。例如，“烧尾宴”是大臣献食于天子的宴会，意味着升官后要请皇帝的客。烧鲤鱼之尾寓意成龙，因此肴馔和器皿都力求精美。

此外，新中举人要设“鹿鸣宴”，对外国使者设有“外蕃宴”，正月十五燃灯时有“临光宴”。有些宴会非常热闹，唐代在曲江园林举行的例行宴会名目繁多，通称为“曲江宴”。新进士曲江宴又称“曲江大会”，是其中比较有名的一种。唐代诗人刘沧在《及第后宴曲江》描绘了一幅“曲江宴饮图”，诗中写道：“及第新春选胜游，杏园初宴曲江头。紫毫粉壁题仙籍，柳色箫声拂御楼。霁景露光明远岸，晚空山翠坠芳洲。归时不省花间醉，绮陌香车似水流。”

受这种风气影响，民间喜庆婚寿、接风洗尘、科举得中等场合都要设宴。例如，祝贺科举得中，要办九次宴会，从大相识到次相识、小相识，接着是“闻喜敕下宴”“樱桃宴”“橙子宴”“牡丹宴”“看佛牙宴”，一直吃到第九次的开宴才算结束。

在这个时期，宫廷宴会不仅追求食品的精美，还讲究设施的华贵。人们多使用金银器皿，并设有歌舞助兴，形成了一套完整的制度。酒楼和食肆的宴会则多使用瓷器，由歌伎唱曲助兴。除了一些正式的礼节性宴会外，席间的娱乐活动还包括各种酒令、投壶、抛球、击鼓传花等。猜拳（当时称为拇战）就是从唐代兴起的。在宴席形式上，隋代之前的宴会仍然遵循旧制，人们席地而坐，面前设有几案。根据等级，由奴婢等人把盏献食。到了隋唐之后，逐渐演变为设立椅凳和高桌，食法上也多为一人一桌的分食制。多人围坐在长桌或方桌旁的，则多不是正式宴会。

5. 饮食著述迅速增多

这一时期，出现了专门的饮食典籍，饮食著述的数量也迅速增多，论述也更为详细、全面。

（1）饮食典籍

饮食典籍是专门记载和论述饮食烹饪之事的典籍，主要包括论述烹饪技术理论与实践的食经、食谱，以及茶经、酒谱。

在食经食谱方面，魏晋南北朝时期有《崔氏食经》《食馔次第法》《四时御食经》等书籍。隋唐时期则涌现出大量饮食著述，如《砍脍书》《膳夫经手录》《邹平公食宪章》《神仙服食经》等。特别值得一提的是，《齐民要术》较为系统地总结和继承了我国的一些烹饪经验，保存了部分失传烹饪古籍的内容。

在茶、酒方面，唐朝诞生了世界上第一部论述茶叶的著作——陆羽的《茶经》，此后又相继出现了张又新的《煎茶水记》、温庭筠的《采茶录》等茶学专著。

（2）**饮食文献**

饮食文献涉及饮食烹饪的各类资料，包括史书、野史笔记、方志、医书、农书、诗词文赋等，涵盖内容相当丰富。

《汉书》“礼乐志”部分记述了一些饮食礼仪，“地理志”描绘了各地的饮食风俗。同时，书中的人物列传中也反映了当时的饮食生活。此外，个人撰写的野史笔记，如葛洪的《西京杂记》、周处的《风土记》以及南朝宋懔的《荆楚岁时记》，都较多地记载了饮食烹饪的相关内容。

有些医书探讨了食疗与营养，代表性著作有唐代孙思邈的《千金食治》、唐代孟诜与张鼎的《食疗本草》等。

在诗词文赋方面，汉朝的扬雄、枚乘，晋朝的左思、张华、郭璞，以及唐朝的杜甫、李白、韩愈、白居易、元稹等文人，都在他们的作品中生动描绘和记录了当时的饮食烹饪文化。

第四节　中国饮食文化的成熟时期

从宋朝至清朝，是中国饮食文化的成熟时期。在一千多年的时间里，我国的传统饮食文化在传承中不断走向成熟，饮食市场日益繁荣，烹饪技术日趋成熟，烹饪专著大量涌现，地方风味流派逐渐形成。

一、历史背景

宋朝时，中原地区增加了多种铁制农具，农业生产更加精耕细作。从越南传入的耐旱、早熟稻在南方广泛种植，使得江浙一带的农业生产能够一年收获两次，从而获得了较大的发展。

手工业方面，由于独立手工业者数量的增加，其发展也十分显著。煤炭得到了大量开采，都城等地开始使用煤炭作为燃料。煤炭的利用首先推动了冶铁业的发展，改善了铁的质量，同时也促进了其他行业的进步。

宋代瓷器制造业尤为突出，无论产量还是技术，都达到了新的历史高度。当时的五大名窑包括汝窑、官窑、哥窑、定窑以及钧窑。

在农业和手工业发展的基础上，北宋的商业繁荣兴盛。据《东京梦华录》记载，在当时的东京（今开封），“集四海之珍奇，皆归市易；会寰区之异味，悉在庖厨”。城市的商业经济取得了历史性的突破，东京城内各街巷遍布商铺、酒楼、饭馆，夜市也应运而生。张择端的《清明上河图》便生动地反映了当时的状况，如图 1–19 所示。

图 1-19　清明上河图（局部）

元朝采取了一系列措施发展农业生产，使农业形势稍有恢复。在手工业和商业方面，元代也有所发展，大都、杭州等城市成为当时闻名的商业大都市。

明朝采取了多种措施来发展生产。各类手工业在质量和数量上都已超越了前代水平，商业也发展迅速。到了明中叶，农业和手工业的水平进一步提高，社会分工更加细化。

清朝采取了多项措施恢复农业和手工业生产。这些举措推动了社会生产力的发展并带来了商业的繁荣。

二、中国饮食文化成熟时期的特点

中国饮食文化经过前期的发展，在烹饪原料、烹饪技术、烹饪设备、烹饪工具用具等方面都得到了提高，为烹饪技术的进一步成熟奠定了基础。

1. 饮食市场繁荣

两宋时期的饮食市场，特别是都市的饮食市场，前所未有地繁荣。市场的布局、店铺的装修以及经营服务都形成了一套完善的制度与规范，对后世产生了深远的影响。

据记载，北宋都城的张家、郑家饼店每家都配备 50 多个炉灶，每个案板前有三到五人擀面、制作花样面饼并入炉烘烤。临安的太和酒楼拥有 300 间客房，酒水如海、糟肉如山，其规模令人惊叹。食店门前则用木材搭建如山般的花样结构并悬挂成串的肉进行展示。

到了元、明、清时，饮食市场已不复两宋时期的盛况。北京、南京、杭州、扬州、苏州以及广州和上海等港口城市的饮食市场兴起。明代朱元璋定都南京后，便拨款兴建了很多酒楼并鼓励民间在其中开设酒肆。江南地区其他城市的饮食业在此影响下也兴旺发展起来。到了明代中叶，北京已成为全国最大的商业城市，饮食市场也随之蓬勃发展。各地的物产纷纷涌入京城，使得北京的饮食业呈现出繁荣景象。

清代，全国各地出现了许多知名的饮食市场区域，如北京的大栅栏、杭州的西湖、南京的秦淮河以及西安的钟鼓楼等。在这些城市和市场上既有高档的酒楼也有中档的饭店，同时小吃店也占有一定的比例。在风味方面已经没有了南方菜和北方菜的明显区分，素食店得到了进一步的发展。

晚清时期，西餐开始进入中国，许多通商口岸和一些大都市都开设了西餐馆以及中西合璧的餐馆。在江南地区还出现了举办船宴的水上餐馆，让人们在品尝美食的同时欣赏沿途的风景。当时沈朝初写了一首词来描述这种景象，其中写道："苏州好，载酒卷艄船。几上博山香篆细，筵前冰碗五侯鲜，坐稳到山前。"

为旅游服务的季节性餐馆也开始出现，这些店铺通常设在风景区内，每年清明前开始营业。过了十月之后，随着天气转冷，宴席减少，客人稀少，生意也开始冷清下来。另外还有一种将剧场和餐馆相结合的方法开始在江南地区兴起，这种方法后来逐渐走入室内，并融入了各种曲艺表演形式。

在经营管理方面，饮食市场上的分工进一步明确和固定化。宋代民间宴会承办业务已十分成熟，分工很细，设有"四司六局"。"四司"为帐设司、厨司、茶酒司、台盘司，分别承办宴会的装饰、烹饪、茶酒、饮食器具。"六局"为果子局、蜜煎司、菜蔬局、油烛局、香药局、排办局，分别为宴会提供干鲜果子、蜜煎点心、菜蔬食材、照明油烛、香药、服务人员。这反映了宋代民间宴席的繁荣局面。

2. 烹饪技术日趋成熟

社会生产力的发展为宋代烹饪提供了两个关键条件。一是冶铁技术的进步，为烹饪技术提供了更高质量的工具和用具。二是宋代在采煤技术、煤炭勘探技术等方面取得了长足进步，为煤炭利用的普及奠定了坚实基础，进而为烹饪提供了优质燃料。煤的火力强劲、温度稳定且持久，使得烹饪中需要旺火、高温、长时间稳定加热的技法与菜肴得以实现。宋代的烹饪技术由此进入一个全面成熟的阶段。

元代以后，中国烹饪文化的中心逐渐向长江流域转移，在融合各地区烹饪特色的过程中，中国烹饪逐渐形成了统一的体系。元、明、清时期，我国烹饪在广泛吸纳各民族文化与饮食风俗的基础上，得到了全面的提升与发展。无论是烹饪工艺，还是烹饪理论研究领域，都步入了较为完善的成熟阶段。特别是从明朝中叶至清朝中叶，中国的烹饪文化迎来了昌盛时期。在清朝的京城，饮食市场尤为繁荣，著名的四大菜系以及各具特色的地方风味在这一时期形成。

3. 烹饪原料丰富多样

宋代，南北奇货、东西珍品均源源不断地被运进京城，送入各个等级的厨房。北宋都城东京（今开封）每天进猪以万计，蔬菜也是车载船运，数量难以估算。南宋都城临安市场上的米市、菜市、肉市、鱼市、猪行、蟹行等一应俱全，各种烹饪原料琳琅满目，应有尽有。

明代使用的烹饪原料有近千种，还从国外引进了番茄、辣椒、洋葱、四季豆、苦瓜、甘蓝、花生等近百种新品。原来食用较少或使用范围较小的原料，如燕窝、鱼翅、海参、鱼肚等，有的也进入了市集的厨房。

明清时，由于政治中心的北移，以及运输、保管手段的完善，江南沿海的某些物产能够运到北京。同时，北方的一些物产也输往了江南。烹饪界因此对原料有了更广泛的共识，并逐步形成了各类“八珍”之说。如“山八珍”包括熊掌、鹿茸、驼峰等，“水八珍”包括鱼翅、鲍鱼、海参等，“禽八珍”包括鹌鹑、鹧鸪、斑鸠等，“草八珍”包括猴头菇、银耳、竹荪、黄花菜等。这些都是基于人们对烹饪原料的深入了解和认识而总结出的精华。

4. 宴席丰富多样

两宋的宴席除承袭唐的旧制外，又增加了曲宴、春宴、寿宴等。据《东京梦华录》记载，北宋皇帝寿宴在宫中举行。每桌分列环饼、枣塔作为看盘，接着是各种果子。宴会所用酒具，殿上的是纯金制品，廊下的是纯银制品。寿宴场面宏伟，菜品丰盛，动用的人力物力巨大，实属罕见。据《武林旧事》记载，南宋张俊举办的接驾宴也是极其铺张，宴席共分为初坐、再坐、正坐、歇坐四轮，每轮均上各类菜品数十种之多。

宋代的宴席，在上菜方面已出现了前轻后重或前重后轻的要求，宴会餐具使用金器、银器、玉器和琉璃器。还出现了由妾婢手捧而食的“软盘”。当时，方桌已开始使用，但大型宴会仍为分餐制。

明朝中期，商品经济的发展对饮食业的发展起到了促进作用。小说《西湖二集》中描述当时的饮食业兴隆繁盛，食物品种丰富，经营有特色，服务殷勤周到，酒楼的顾客熙熙攘攘。各档次的酒楼饭馆都设有雅座，风味菜肴争奇斗艳。酒器都是银质的，极尽奢华。

清代中叶，各地宴席丰富多样，菜品也各具特色。既有以头菜定格的宴会，也有民间的便席且名目繁多。其中满汉全席（见图 1–20）是清代宫廷盛宴的代表，它既有宫廷菜肴的特色，又融合了地方风味的精华。其菜式精美且取材广泛，包括咸甜荤素各种口味以及山珍海味等众多食材，同时展示了扒、炸、炒、熘、烧等烹调技艺，是中华菜肴的集大成者。满汉全席还非常讲究礼仪，在入席前会上香、茶水和手碟等，台面摆放各种鲜果和干果等，入席后则按照冷盘、热炒菜、大菜和甜菜的顺序依次上桌，形成了独特风格。

图1-20　满汉全席（局部）

这一时期知名的宴席还有：

（1）**蒙古亲藩宴**

蒙古亲藩宴是清朝皇帝为招待与皇室联姻的蒙古贵族所设的御宴。一般设宴地点在紫禁城的正大光明殿。历代皇帝均重视此宴，每年循例举行。而受宴请的蒙古贵族更视此宴为大福，对皇帝在宴中所赏赐的食物十分珍惜。

（2）**廷臣宴**

廷臣宴于每年上元节后一日即正月十六日举行，由皇帝钦点大学士、九卿中有功勋者参加。宴席设于圆明园，遵循宗室宴会之礼。皇帝借此来笼络大臣，它同时又是廷臣们身份地位的一种象征。

（3）**万寿宴**

万寿宴是清朝帝王的寿诞宴，也是内廷的大宴之一。后妃、王公、文武百官，无不以进献寿礼为荣。其间名食美馔不可胜数。如遇大寿，则庆典更为隆重，会派专人专司其职。衣物首饰、装潢陈设、乐舞宴饮一应俱全。

（4）**千叟宴**

千叟宴始于康熙，盛于乾隆时期，是清宫中规模最大、赴宴者最多的盛大宫廷御宴。赴宴者均为老人，人数众多，因而得名。

（5）**九白宴**

九白宴始于康熙年间。当时投诚的蒙古部落为表忠心，每年以九白为贡，即白骆驼一匹、白马八匹，以此为信。蒙古部落献贡后，皇帝设御宴招待使臣，谓之九白宴。

（6）节令宴

节令宴指清宫内廷按固定的年节时令所设的宴席，如元日宴、元会宴、春耕宴、端午宴、乞巧宴、中秋宴、重阳宴、冬至宴、除夕宴等，皆按节次定规，循例举行。

5. 饮食专著大量涌现

这一时期的中国烹饪不仅形成了风味体系，而且饮食专著也大量涌现，同时饮食市场繁荣发达，名师大厨也层出不穷。

与前代相比，宋代饮食著述的数量和种类大大增加。宋代郑樵的《通志·艺文略》将食经单独作为一个门类列出，收录著作 40 多部。据史料记载，宋代的饮食著作有《王氏食法》《养身食法》《王易简食法》《萧家法馔》《诸家法馔》《江飧馔要》《馔林》《珍庖备录》《古今食谱》《山家清供》《本心斋疏食谱》《膳夫录》等。此外，《太平御览》《太平广记》《东京梦华录》《西湖老人繁盛录》《梦粱录》《武林旧事》等书也记载了一些与饮食烹饪相关的内容，反映了当时的饮食烹饪状况。《蟹谱》《菌谱》《笋谱》《糖霜谱》等专著则记录了当时的烹饪原料。

元、明、清三代也是饮食著述的丰收时期。例如，元代有《饮膳正要》《云林堂饮食制度集》，明代有《易牙遗意》《宋氏养生部》《饮馔服食笺》《老饕集》《饮食绅言》《遵生八盏》等，清代有《调鼎集》《食宪鸿秘》《醒园录》《随息居饮食谱》等。值得一提的是，清代袁枚所著的《随园食单》（见图 1–21）系统总结了我国烹饪理论，是一部经典之作。

图 1–21 《随园食单》

6. 地方风味流派形成

在这一阶段，中国烹饪逐步成熟，其技术、品种、宴席以及经营服务等方面都基本定型，形成了较为完善的体系和独特风格。

地方风味流派的形成与政治、经济、地理、物产及习俗等多重因素紧密相关。早在周朝，周朝“八珍”与楚宫名食便代表了北方与南方不同的烹饪特点，标志着中国饮食南北风味的初步分化。自秦汉起，地区性的风味差异愈发显著，南北各地的主要风味流派开始显现雏形。进入唐宋，各地烹饪技艺得到迅速而均衡的发展。据《东京梦华录》等古籍记载，北宋东京城内已有北食、南食等不同流派。至南宋，中国烹饪文化的主流逐渐由黄河流域转向长江流域。到清朝中晚期，随着东西南北烹饪技艺的全面提升，加之地理、气候、物产及习俗等长期差异的影响，主要的地方风味流派逐渐形成了稳定的格局。清末徐珂在《清稗类钞》

中大致描绘了当时各地的口味偏好，其中写道："北人嗜葱蒜，滇、黔、湘、蜀人嗜辛辣品，粤人嗜淡食，苏人嗜糖。"

在清朝形成的地方风味流派中，最具代表性的包括全国政治、文化中心北京的京菜、重要经济中心上海的上海菜、山东的鲁菜、四川的川菜、广东的粤菜，以及江苏的苏菜。这些流派对清朝之后的中国烹饪产生了深远的影响。如今闻名世界的"四大菜系"，正是在清朝形成的地方风味流派基础上逐步发展起来的。

第五节 中国饮食文化的繁荣时期

近当代时期，中国饮食文化取得了突飞猛进的发展。无论是烹饪实践还是理论研究，中国饮食文化都以全新的姿态迈入了新的时代，并走上了与世界各国饮食文化广泛交流的道路。

一、历史背景

自 1911 年辛亥革命以来，中国社会经历了翻天覆地的变化，这些变化也深刻影响了中国的饮食文化。

1. 农业方面

农业是中国的立国之本，也是饮食文化发展的基石。辛亥革命后，随着社会的变革，农业生产方式也逐渐现代化。新品种的引进、化肥和农药的使用、农业机械设备的推广等，都极大地提高了农产品的产量和质量。这些变化为中国的饮食文化提供了更为丰富的物质基础。例如，水稻和小麦的高产使得主食的种类和口感得到了极大的提升，各种蔬菜、水果的丰富也让人们的饮食更加多样化。

2. 工业方面

工业化进程对中国的饮食文化产生了深远的影响。随着食品加工业的兴起，传统的手工制作逐渐被机械化生产所取代。罐头、方便面、速冻食品等新型食品的出现，极大地方便了人们的生活，也改变了人们的饮食结构和习惯。同时，食品添加剂和保鲜技术有了长足的发展，在一定程度上改善了食品的口感，延长了保存期限，但也引发了关于食品安全和健康问题的讨论。

3. 商业方面

商业的繁荣为饮食文化的发展提供了广阔的市场空间。随着市场经济体制的确立，餐饮业迎来了前所未有的发展机遇。从街边小吃到高档餐厅，从地方特色美食到国际美食，各种风味各异的餐馆如雨后春笋般涌现。此外，外卖、快餐等新型餐饮模式的兴起，也使得饮食文化更加贴近人们的日常生活。商业的推动不仅丰富了人们的饮食选择，也促进了不同地域、不同民族饮食文化的交流与融合。

4. 社会文化方面

社会文化因素在饮食文化的塑造中起着至关重要的作用。辛亥革命后，随着西方文化的传入和人们生活水平的提高，人们的饮食观念也发生了巨大的变化。健康饮食、绿色饮食等理念逐渐深入人心。同时，传统节日和庆典活动中的饮食习俗也得到了传承和创新，春节的饺子、中秋的月饼等传统美食不仅承载着人们对美好生活的向往，也成为连接过去与现在、传统与现代的桥梁。

自 1911 年至今，中国饮食文化在农业、工业、商业和社会文化等多重因素的共同作用下，呈现出丰富多彩、多元共融的特点。这一百多年的发展历程，不仅见证了中国社会的巨大变革，也反映了人们对美好生活的不断追求和探索。

二、中国饮食文化繁荣时期的特点

1. 烹饪设备与生产方式趋于现代化

在这一时期，烹饪工具的变化主要集中在能源和设备方面。从能源角度看，木柴已经退居次要地位。人们主要使用的能源包括煤、天然气、液化石油气、电能等，同时也使用汽油、柴油、太阳能和沼气等。利用这些能源烹饪食物，通常更加省时、方便和卫生。

在烹饪设备方面，大城市的大饭店已经开始广泛使用各种电动设备。这些设备种类繁多，其中用于加热的设备包括电磁炉、微波炉、电烤箱等，制冷设备有冷藏柜、冷藏箱、保鲜陈列冰柜等，用于食材加工切割的设备则包括切肉机、刨片机、绞肉机、粉碎机、和面机、压面机、打蛋机等。此外，还有利用其他能源的烹饪设备，如燃气灶、柴油炉和太阳能灶等。

目前，我国已有多家大型厨房设备生产企业，能够生产灶具、通风设备、贮藏设备、洗涤设备、冷藏设备、加热烘烤设备等多个大类数百个规格和品种的厨房设备，极大地推动了烹饪工具的现代化进程。

此时，烹饪生产方式的变化主要体现在两个方面。首先，在传统的手工烹饪部门中，烹饪机械已在某些工艺环节上取代了厨师的手工操作。例如，在一些餐厅和饭店中，切肉机和绞肉机已经替代了厨师进行食材的切割工作。其次，食品工业逐渐崛起，食品工厂开始涌现，这些工厂全面采用机械化甚至自动化的生产方式。这种方式不仅降低了生产者的劳动强度，还使食品生产具备了规范化、标准化和规模化的特点。

2. 优质食品原料快速增加

我国不断地进行对外开放，从世界各地引进了许多新的优质食物原料。其中，禽畜类包括鸵鸟、火鸡、珍珠鸡等，水产类有三文鱼、鳕鱼、金枪鱼等，蔬菜类包括芦笋、朝鲜蓟、西蓝花、玉米笋、菊苣、樱桃番茄等，水果则有提子、山竹、火龙果及榴莲等。这些动植物原料在我国已经广泛种植和养殖，并被用于制作各种美味佳肴。

我国人工种植成功的植物性原料包括猴头菇、竹荪等多种食用菌，人工养殖成功的动物性原料则有牡蛎、对虾、鳜鱼等。这些原料能够更好地满足人们的饮食需求。

在此期间，传统食物原料的优质品种也在不断增多。粮食中的名品众多，如广东的丝苗米、福建的过山香米、云南的接骨米、湖南的乌山贡米、天津的小站米等。在禽畜类原料中，优质的猪品种包括荣昌猪、小香猪、金华猪、宁乡猪、淮猪及乌金猪等。优质的鸡品种则有寿光鸡、狼山鸡、乌鸡及固始鸡等。加工制品方面也有许多优良品种，著名的火腿品种有金华火腿、宣威火腿、如皋火腿等，板鸭品种包括江苏南京板鸭、福建建瓯板鸭及重庆白市驿板鸭，优质的豆腐品种则有八公山豆腐、榆林豆腐及泰安豆腐等。

3. 国内外饮食文化交流增多

我国是一个多民族的国家，各民族之间饮食文化的交流始终在进行。例如：满族的萨其马已实现工业化生产；维吾尔族的烤羊肉串在传入四川后，衍生出了烤鸡肉串、烤兔肉串等系列品种；傣族的竹筒饭及其衍生品种如竹筒烤鱼、竹筒乳鸽等在北京、四川、广东等地广受欢迎。

随着交通日益便捷和人员频繁流动，地区间的饮食文化交流也日益增多，出现了相互交融与渗透的现象，这种交融主要表现在食物原料、烹饪技法和菜点品种等方面。地区间的交流以及改革开放后全国范围内的烹饪大赛，对于提升烹饪技艺和推动中国饮食文化的发展起到了巨大的作用。

20 世纪初，西方部分机构和人员涌入，推动了中外饮食文化的交流。改革开放以后，中外饮食文化交流变得越发频繁和深入。这种交流不仅涉及食物原料、烹饪技法、菜点品种，还拓展到生产工具、生产方式、管理营销等多个层面。例如，面包和蛋糕已成为许多中国人的早餐选择，面包还常被用作烹饪菜肴的辅助原料。西式快餐、日本料理、泰国菜等异国风味纷纷进入中国，给古老的中国饮食带来了新的活力。同时，西方的先进厨房设备和简易烹饪方法为中国烹饪的现代化提供了启示，而其先进的管理和营销方式也被中国学习和借鉴。

与此同时，中国饮食文化在海外的影响力也在不断扩大。成千上万的华人在全球各地开设中餐馆，推广中国的烹饪技艺。改革开放后，中国还不断派遣烹饪专家和技术人员到国外进行讲学、表演、技术交流，参加世界性比赛等活动，这使得更多海外人士了解并喜爱中国的饮食文化，同时也推动了世界烹饪水平的提升。

4. 饮食市场空前繁荣

中国一直是农业大国，人口众多。历代统治者多实行“重农抑商”的政策，因此，尽管饮食业作为商业的一部分在不断走向繁荣，但时常受到轻视，难以获得良好的发展。从 20 世纪初至 20 世纪 70 年代，由于种种原因，餐饮市场仅继承了明清时期的特色，发展较为缓慢。改革开放后，随着市场经济的持续深入发展，第三产业蓬勃兴起，餐饮业也受到了前所未有的重视，迅速发展成为第三产业的中坚力量。饮食市场呈现出空前繁荣的局面，其突出特点是餐饮企业和店铺数量众多、类型丰富、特点鲜明。

5. 饮食著述异常丰富

这一时期的饮食著述异常丰富，论述也更为全面、深入，这主要体现在烹饪技术与理论更加规范化、系统化。

中华人民共和国成立以后，从事饮食产品制作与饮食理论研究的人不断增多。他们积极搜集、总结中国饮食产品制作技术，深入探索、研究其本质规律，致力于使其更加规范化、系统化，并取得显著成果。其中包括权威工具书如《中国烹饪百科全书》和《中国烹饪辞典》，系统的学术专著如《中国食经》《中国酒经》《中国茶经》及《中国名菜谱》等，还有大型的系列菜谱《中国名菜集锦》等。也有众多分类菜谱，按照原料、烹饪方法、季节、食用者年龄等进行详细阐述。众多的饮食类教材相继出版，如《烹调工艺学》《菜肴制作技术》《烹饪原料学》《烹饪营养学》以及《中国饮食文化》等。杂志方面，有《中国烹饪》和《中国食品》等。

这些资料详细地论述了中国饮食的各个方面，特别是对菜点的原料用量、初加工、切配、火候、调味、装盘等都提出了一定的量化标准。尽管与现代科学的规范要求还有一定差距，但这已经是一个令人欣喜的进步，为中国烹饪的标准化、科学化奠定了基础。

孙中山在《建国方略》中，从中外饮食比较、烹饪与文明关系等角度进行了深入研究，并指出：“我中国近代文明进化，事事皆落人之后，唯饮食一道之进步，至今尚为文明各国所不及。”这是因为中国人秉持顺其自然、饮食有节的饮食思想，中国人的食品和饮食习惯极为科学，中国烹调技艺精湛，且中国菜的美味堪称世界之最。因此，他更号召人们：“吾人当保守之而勿失，以为世界人类之师导也可。”

此外，在饮食文献中，还有一系列关于饮食的散文佳作，如梁实秋的《雅舍谈吃》、汪曾祺的《旅食与文化》、符中士的《吃的自由》以及沈宏非的《写食主义》等。

三、中国饮食文化的发展趋势

随着时代的发展，人们的生活水平不断提高，消费观念发生变化，与饮食相关的技术、设备、原料、经营管理方式等诸多方面也发生了巨大的变化。总体而言，中国饮食文化体现了如下几个发展趋势：

1. 集团化发展、品牌化经营

随着市场竞争的加剧，单一的餐饮店面逐渐难以立足，集团化发展和品牌化经营已成为行业的主流趋势。大型餐饮集团借助连锁经营，实现规模效应，降低成本，提升效率。连锁经营既加速了品牌的拓展，又通过统一的管理与标准确保了食品质量与服务水平的一致性。

2. 餐饮品牌发展速度加快

受品牌意识推动，越来越多的餐饮企业开始重视品牌建设。凭借特色菜品、优质服务与精心策划的营销，一些品牌迅速崭露头角，成为市场的领军者。品牌发展速度的加快，反映出消费者对品牌认可度和忠诚度的持续提升。

3. 个性化消费日趋明显

现代消费者的口味与需求日益多样化，他们不再满足于传统的餐饮模式，转而追求更加个性化的服务。因此，越来越多的餐饮企业重视持续创新，致力于提供满足各类消费者需求的个性化菜品与服务。

4. 餐饮企业产品与营销彰显文化特色

在全球化背景下，餐饮企业愈发重视将传统文化元素融入产品与营销之中。这不仅有助于提升品牌的文化价值，还能吸引更多对传统文化怀有浓厚兴趣的消费者。

5. 绿色餐饮成为发展趋势

随着人们健康与环保意识的提升，绿色餐饮正逐渐成为新的发展方向。餐饮企业开始关注食材的可持续性，采用环保包装并减少浪费，以满足消费者对健康与环保的期望。

6. 餐饮人才多元化发展

伴随餐饮行业的迅猛发展，对餐饮人才的需求也日趋多元化。除传统的厨师与服务人员外，还急需具备市场营销、品牌管理等方面才能的人才。这种多元化的人才需求，也进一步促进了餐饮行业与其他行业的交流与合作。

7. 餐饮信息化、科学化营销步伐加快

得益于互联网技术的进步，餐饮企业正利用大数据、人工智能等先进手段进行精准营销与客户关系管理。这不仅提升了营销效率，还能为消费者提供更加贴心的个性化服务。

8. 餐饮行业发展层次多样化

从街头小吃到高档餐厅，从快餐到精致料理，餐饮行业的发展层次越来越多样化。这种多样化的发展趋势，不仅满足了不同消费者的需求，也促进了行业的创新和竞争。

9. 餐饮主流消费方式和主流消费群体转变

随着时代的演进，餐饮主流消费方式与主流消费群体正经历着转变。年轻消费者已逐渐成为市场的主导力量，他们更加看重品质、口感与体验。因此，餐饮企业必须紧跟时代步伐，不断调整、优化产品与服务，以满足新一代消费者的期望。

思考题

1. 中国饮食文化的形成与发展大致经历了哪几个时期？
2. 中国饮食文化发展时期的特点有哪些？
3. 为什么说汉代是中国饮食文化史上一个重要的转折点？
4. 当前中国饮食文化的发展趋势有哪些？

第二章

中国饮食习俗

学习目标

1. 了解中国传统节日的饮食习俗。
2. 了解常见的人生礼仪饮食习俗。

中国饮食习俗是中国饮食文化的一个重要组成部分。从宫廷的奢华宴席到民间的家常便饭，从人生的各种礼俗到多姿多彩的节日饮食习俗，再到各民族独具特色的饮食习俗，均各具魅力，蕴含着深厚的文化底蕴。

自古以来，中国人就喜欢把美食与节庆、礼仪活动相结合。在节日、生辰、婚丧时举办的宴会等饮食活动，集中展现了饮食文化。这些饮食活动不仅加强了人们之间的联系，调节了生活节奏，更体现了人们的期望、文化追求和审美意识。例如，每年农历五月初五端午节，人们会吃粽子，以此来缅怀屈原。又如，旧时农历七月七日被定为乞巧节，人们会用各种雕花果、花瓜、花点等巧果（又称乞巧果子）来供奉织女，以此祈求女工之巧，这体现了人们对勤劳、聪慧的推崇。此外，过年吃饺子、汤圆、年糕，以及中秋节吃月饼等，都寄托了人们对家庭团聚、亲人安康的美好愿望。

第一节　饮食礼仪与饮食习惯

中国自古有“民以食为天，食以礼为先，礼以筵为尊，筵以乐为变”的说法，这凸显了礼仪在饮食中的重要性。

俗话说：一方水土养一方人。我国地域辽阔，从东到西、从南到北，气候类型多样，物种丰富，形成了多样化的烹饪原料，也形成了多元化的饮食习惯。

一、饮食礼仪

《礼记》记载：“夫礼之初，始诸饮食。”从某种意义来说，我国先民的礼仪最初是从规范饮食行为开始的。

随着生产力水平的提高，物质文明的进步必然推动精神文明的发展，于是形成了一套以饮食行为为中心的完整的礼仪规范。一般来说，饮食礼仪中的“礼”是指人与人之间在饮食活动中逐渐积累起来的礼节，属于内在修养，而“仪”则侧重于饮食行为中的各种仪式规则，是一种外在表现形式。内容和形式的完美结合，构成了中国饮食的礼仪文明。

在中国悠久的历史中，由于不同时期的政治、经济、文化背景不同，饮食礼仪在内容与形式上也存在差异，且带有明显的时代特征。因此，中国饮食礼仪是研究某个历史时期社会政治、经济、文化、民俗等状况的重要手段，是中国民俗学的主要研究对象之一。

在我国古代社会，礼仪始终贯穿于人们的生活之中。无论皇室、达官显贵还是平民百姓，都严格遵守礼仪规范，从而形成了良好的社会秩序与和谐的人文环境。饮食生活中的礼仪规范同样发挥着重要的社会功能。

我国古代的饮食礼仪主要有宴席边列案制度、宴席菜肴制度和献食制度等。这些礼仪起源都很早。

1. 宴席边列案制度

这种制度规定，进食者如果身份高贵或是年老者，可以凭几案而食，其他人则站着进食。例如，乡饮酒礼中规定，六十岁以上者才可以坐席而食，五十岁及以下者只能站着伺候长者，或站着进食。

2. 宴席菜肴制度

西周之前，宴席菜肴并不讲究。西周时期，宴席菜肴开始有了一定的规定。例如，带骨的菜肴要放在左边，切的纯肉要放在右边。菜肴要放在左手一边，羹汤要放在右手一边。细切和烧烤的肉类要放在远处，醋和酱类要放在近处，等等。春秋时期，菜肴的数量和种类更加讲究，体现了森严的等级差别。

3. 献食制度

周朝时期，许多场合还设立了献食制度。按此规定，贵客和尊者进食时，由他们的妻妾或仆从举案献食。吃一味，献一味，一味食毕，再献另一味。至于天子的膳食，则由膳夫负责献食。膳夫需先尝食，以表示食物无毒，可以安全地献给天子。这一制度始于周秦，兴于两汉，一直传至南北朝，成为古代宴席中的一种重要礼仪。

在商周时期的中国，人们实行的是分食制。这源于原始社会的财物共同占有和平均分配原则。在氏族社会，食物是公有的，煮熟或烤熟后按人数平均分配。氏族部落的人们会按照长幼尊卑的次序，围坐在火塘旁共同进餐。这既与原始社会的平均分配饮食传统有关，也与合食所需的用具、餐具以及肴馔品种的发展等因素有关。

古代宴席的进餐方式也有其特点。最初，人们席地而坐、席地而食。席地而食还有一定的礼节要求。例如，坐席要讲究席次，主人或贵宾坐在首席，被称为“席尊”或“席首”，其他人则根据身份和等级依次而坐。同时，坐（跪）姿也有规定，要求双膝着地，臀部压在足后跟上。坐时两腿不应分开，上身应与腿成直角。若不拘礼节地坐，则被视为不礼貌。

中国饮食礼仪的核心精神在于“敬”与“和”。例如，宴席中的主宾座次遵循严格的秩序，体现着儒家“长幼有序”的伦理观。当代社会虽已简化了许多古礼，但饮食礼仪的文化基因依然显著。例如，年夜饭的团圆意味、婚礼敬茶的孝敬之礼、商务宴请的敬客之道，都延续了传统饮食礼仪的精神内核。图 2-1 所示为商务宴请中的常见座次礼仪。

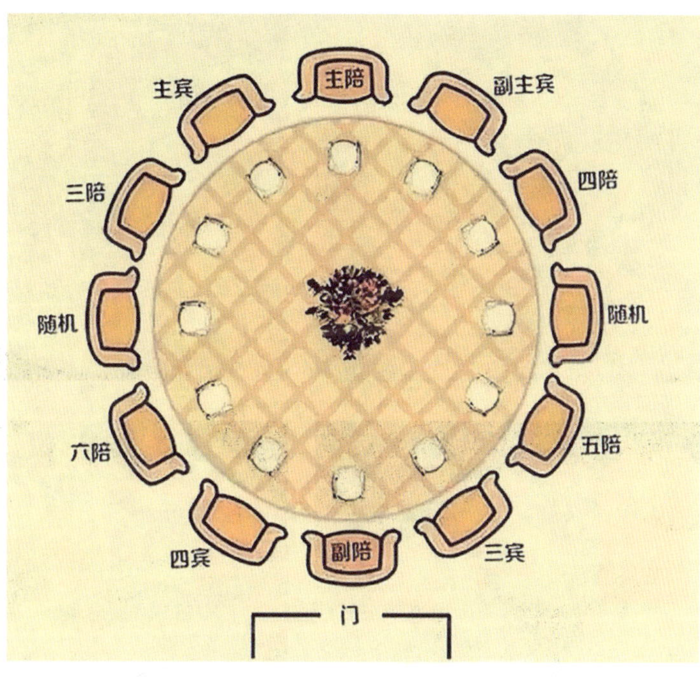

图 2-1　商务宴请中的常见座次礼仪

二、基本饮食习惯

1. 主食食用习惯

中国人的主食以粮食作物为主，同时搭配各种肉类和蔬菜作为副食。在一日三餐中，主食、菜肴和饮料的搭配既有一定的共性，又因地理气候环境、经济发展水平以及生产生活条件的不同而各具特色。

稻米的主要烹饪方法是做成米饭，此外还可做成粥、米粉、米糕、汤圆、粽子、年糕等多种食品。用小麦做的食品包括馒头、面条、花卷、包子、饺子、馄饨、油条、春卷、炸糕、煎饼等。图 2-2 所示为中国传统主食。

中国人不仅讲究烹饪，还善于烹饪。不同地区的人们通过炒、烧、煎、煮、蒸、烤和凉拌等烹饪方式，创造出了各具特色的地方风味。中国菜肴通常被划分为川菜、粤菜、闽菜、徽菜、鲁菜、湘菜、浙菜、苏菜八大菜系。

2. 饮茶习惯

中国是茶的故乡，制茶和饮茶的历史也已有数千年。茶的种类众多，主要包括绿茶、红茶、乌龙茶、花茶、白茶和黄茶。中国的茶艺在世界范围内享有盛誉，早在唐代就已传入日本，并对日本茶道的发展产生了深远影响。

战国时期，我国茶叶的种植和制作已经初具规模。在《诗经》中，就已经有了关于茶的记载。魏晋南北朝时期，饮茶的风俗逐渐开始流行。唐朝茶业兴盛，普通人家

图 2-2　中国传统主食示例

几乎不可一日无茶。此时还出现了茶馆、茶宴和茶会等形式的活动并提倡客人来访时以茶相待的礼节。宋朝时期则流行起了斗茶、贡茶和赐茶等风尚。

中国人在饮茶时非常注重"品"字。每当有客人来访，沏茶和敬茶的礼仪都是必不可少的。在客人到访时，可以征求意见，选择最适合客人口味的茶叶和最佳的茶具来款待。在陪客人饮茶的过程中，主人需要留意客人杯、壶中的茶水剩余量。一般来说，使用茶杯泡茶时，如果茶水已经喝去一半，就应该及时添水。在饮茶的过程中，还可以适当搭配一些茶食、糖果或菜肴等。

茶文化在中国人的生活中占据着举足轻重的地位。在中国人的生活中，茶并非简单的饮品，饮茶也是一种生活仪式。茶在不同阶层、不同场合都扮演着重要角色。中国自古有"以茶会友"的传统，茶桌成为人际交往的重要空间。我国古代的"斗茶"风尚、"茶寮"文化，以及现代商务会谈中的茶叙，都体现了茶在社交中的纽带作用。

3. 饮酒习惯

酒不仅是可以提神、解除疲劳、药用的饮品，更是一种重要的文化媒介，在中国饮食文化中占有举足轻重的地位。

在封建社会，酒是祭祀神灵和祖先时不可或缺的供品，起着沟通人与神的桥梁作用。酒能助兴，增添欢乐气氛。至今在不少地区，饮酒时的猜拳、行酒令、唱酒礼歌等活动仍然流行。这些既是饮酒习俗，又体现了民间智慧，具有活跃气氛、展示和锻炼智力等多重功能。一些饮酒活动甚至演变成了独特的文化习俗，如广泛流传的正月初一饮屠苏酒、端午节饮雄黄酒、重阳节饮菊花酒等，这些都蕴含着中国人深厚的人文观念。此外，酒也是日常生活和各种社会活动中传达情感、增进联系的一种媒介。在许多地区，姑娘出嫁前会饮“别亲酒”，新郎新娘入洞房时要饮“交杯酒”。

4. 节日食品

中国的节日食品丰富多彩。它常常将丰富的营养成分、赏心悦目的艺术形式和深厚的文化内涵巧妙地结合起来，成为比较典型的节日饮食文化。节日食品大致可分为两类：

一是用作祭祀的供品。这类食品在旧时的宫廷、官府、宗族、家庭的祭祀、庆典中占有重要的地位，当代也较为常见。

二是供人们在节日食用的特定的食物制品。这是节日食品和饮食习俗的主流，如图 2-3 所示。例如，除夕时北方家家户户都有包饺子的习惯，而江南各地则盛行打年糕、吃年糕的习俗。另外，许多地区过年的家宴中往往少不了鱼，象征“年年有余”。端午节吃粽子的习俗，千百年来传承不衰。中秋节的月饼，蕴含了对家庭团圆和生活和谐的期望。其他诸如开春时食用的春饼、春卷，正月十五吃的元宵，农历十二月初八吃的腊八粥，寒食节的冷食，农历二月初二吃的猪头、蚕豆，“尝新节”吃的新谷，结婚典礼中喝的“交杯酒”，祝寿宴的寿桃、寿糕等，都是节日习俗中的特色食品。

图 2-3　中国传统节日食品示例

第二节　传统节日饮食习俗

中国传统节日中的重要组成部分之一就是饮食活动，这些活动深刻反映了中华民族的传统习惯、饮食文化、礼仪规范以及道德与宗教观念。节日的饮食习俗是一种约定俗成的活动，具有非常强的传承性和延展性，生命力极其旺盛。

中国的重要节日都离不开特色食品。几乎所有的传统节日都有一种或几种标志性的特色食品，如饺子、年糕、春饼、元宵、粽子、月饼、重阳糕以及腊八粥等。

一、中国传统节日饮食习俗的特点

中国传统节日饮食习俗的主要特点是具有历史性、全民性和地方性。

历史性，指的是中国传统节日饮食习俗大多拥有悠久的历史渊源。例如，寒食节和端午节的饮食习俗在春秋战国时期便已经出现。

全民性则体现在中国传统节日饮食习俗是整个社会普遍传承的行为和风尚。这些饮食习俗已经超越了个人行为的范畴，而是众多人参与、涉及面广、场面宏大的社会活动。春节便是一个典型例子，家家户户都会聚在一起吃团年饭。

许多中国传统节日饮食习俗还伴随着意趣深远的历史传说。例如，乞巧节吃乞巧果子与织女星有关，重阳节登高、饮菊花酒则与汉朝方士消灾避祸的传说有关。

中国传统节日饮食习俗还具有地方性。我国地域辽阔，一些传统节日饮食习俗除具有共性外，还存在一些地区差异，食材与口味因地而异。例如，春节时，北方多吃饺子，南方则偏爱汤圆、年糕。又如，端午时，北方多吃甜粽，南方多吃咸粽。

知识拓展

花馍——中国面塑艺术的活化石

花馍（见图 2-4）又称面花，是一种花式面食。人们借助针、梳、刀、剪等工具，采用捏、剪、修等技法，制成各种图案的面食，其形象栩栩如生，绚丽多彩。我国民间的花馍工艺可追溯到汉朝初期，距今已有 2 000 多年的历史。花馍主要流行于山西、陕西等地，它不仅可食用，更是一种享誉中外的民间艺术品。民间的花馍讲究很多，逢年过节、婚丧嫁娶、祭奠祖先、老人过寿、小孩满月等，会使用不同造型和不同用途的花馍。

图 2-4　花馍

二、中国主要传统节日饮食习俗

传统节日饮食习俗是在长期的历史过程中逐步形成、传承和发展的。我国重要的传统节日基本上都有代表性食品和特定的饮食习俗。

1. 春节

各地春节的习俗不同，因此春节食品也各有特点。北方人过年时普遍吃饺子，而南方人则普遍吃汤圆和年糕。总的来说，食品一般以年糕、饺子、糍粑、汤圆、荷包蛋、肉丸、全鱼、苹果、花生、瓜子、糖果等为主。

2. 立春

立春作为一种节日，至少在三千年前就已经出现了。据《礼记》记载，周朝时，每逢立春，周天子都要率领诸侯及士大夫，在东郊举行迎春活动。

我国古代，立春时与饮食有关的习俗主要是喝春酒、吃春盘。春盘即春饼，吃春盘的习俗在唐代已经盛行。立春前一日，皇帝要赐近臣春盘、春酒，民间也有互赠春盘的习俗。

3. 元宵节

元宵节又称上元节、灯节，是中国传统节日之一。这一节日始于汉代。

据史料记载，唐代有一种与元宵类似的食品，人们以面裹馅，像挤丸子一样将其挤入汤锅中煮熟，然后放在水中浸凉，再放入油锅中煎炸。

到了宋代，人们吃各种类似的圆子，包括乳糖圆子、澄沙圆子、珍珠圆子、山药圆子等，这些与今天的元宵已无太大区别。南宋时期，元宵已成为元宵节普遍的节日食品，明代也是如此。根据《明宫史》的记载，这种食品用糯米细面制成，内用核桃仁、白糖为果馅，用热水煮成，如核桃大。清代的元宵更是种类繁多，样式新颖。图 2–5 所示为现代常见的元宵。

图 2–5 元宵

元宵在古代象征星星，这源于元宵节的北极星崇拜。元宵在现代则象征着家庭团圆、和睦，并表达了举家幸福安康的愿望。而送亲朋元宵，则是借此表达百事顺遂、圆满的祝福。

4. 社日

社日是古人祭祀社神的节日。古代的社日分为春社与秋社，春社时人们祈求社神保佑丰收，而秋社时则向社神报告丰收。

根据《礼记》等文献记载，举行社祭时全里社的人都要参与，为社祭举行田猎时全国的人都要出动。在社祭期间，人们会拿出物产供社祭使用，以此回报大地的养育之恩，并纪念自己的出生地。在南北朝时期，每逢社日，左邻右舍和同宗族的人会聚集在一起，宰杀牲畜，在树下搭起棚子，祭祀神灵后共同分享祭品，一起聚餐。唐宋以后，社日活动变得更为盛大，是乡村的集体节日，家家户户都要参与。在农村地区，社日的热闹程度更是非同凡响。

5. 端午节

端午节又称端阳节、重午节，形成于战国至秦汉时期，后定于农历五月初五，沿袭至今。

传说屈原于五月五日自投汨罗江而死，楚人哀悼他，每逢此日，便以竹筒贮米，投水祭之。后来又演变成用楝叶包米，以彩丝缚之。如今端午节制作粽子（见图 2–6）并佩戴五色丝等，便是这一遗风。此外，端午还有龙舟竞渡、饮雄黄酒、悬插艾叶及菖蒲等习俗。

图 2–6 粽子

6. 七夕

七夕为农历七月初七。有关牛郎星与织女星的神话传说在春秋时已出现。织女与牵牛别离的传说至迟在战国末期秦朝初年已广为流传。汉魏以后，七夕逐渐形成固定节俗。到了晋代，在七夕这一天，人们会祈求牵牛星和织女星保佑农作物丰收。到了南北朝时期，七夕又发展成为妇女乞巧求智的节日。这天傍晚，家家户户会打扫庭院，妇女们当庭布筵，虔诚地跪拜织女星，祈求保佑自己心灵手巧。

七夕时，家家户户会制作巧果，这些果子以油、面、糖、蜜为原料，经过炉烤或油炸而成。其中，面粉制作的称为面巧，糯米粉制作的称为粉巧。

7. 中秋节

中秋节又称月夕、仲秋节、秋节、八月节、追月节、拜月节、团圆节。在传统历法中，将每一季节分为“孟、仲、季”三个月，农历八月十五恰值秋季之中，故而得名。

中秋节始于唐朝初年，盛行于宋朝。至明清时期，已成为与冬至节、清明节齐名的中国主要节日之一。中秋节，人们最主要的活动是赏月和吃月饼。

月饼又称月团、团圆饼等，在中国有着悠久的历史。中秋吃月饼的习俗源自拜月的仪式。月饼最初是用来祭奉月神的祭品，人们以月饼和各色水果等奉献给月神，月神“享用”祭品之后，人们再分切月饼，按照长幼之序分食，据说这样可以得到神的赐福和护佑。

“月饼”作为一种食品的专用名词，首次出现于南宋《武林旧事》，但这时月饼仍未普及。到了元末和明代，中秋吃月饼的习俗在民间逐渐流行开来。当时心灵手巧的制饼师，还把与嫦娥奔月的神话故事有关的艺术图案印在月饼上，使月饼成为受人们青睐的中秋佳节必备食品。

月饼最初是家庭制作的。到了近代，有了专门制作月饼的作坊，月饼制作得越来越精细，馅料多样，外形美观。在月饼的外面还印有各种精美的图案，如“嫦娥奔月”“银河夜月”“三潭印月”等。图 2-7 所示为现代常见的月饼。

图 2-7　月饼

8. 重阳节

重阳节又称重九节，日期在农历九月九日。《易经》中将“六”定为阴数，“九”定为阳数，九月九日日月并阳，两九相重，因此得名重阳，也叫重九。

重阳节的起源最早可以追溯到春秋战国时期。到了汉代，过重阳节的习俗逐渐在民间流行开来。到了唐代，重阳节被正式定为民间节日，并一直沿袭至今。

重阳节的饮食习俗主要有吃重阳糕、饮菊花酒等，大多寓意避灾祈福。

重阳糕又称花糕、菊糕、五色糕，其制作方法多种多样，较为随意。在九月九日天明时，人们会将这种糕点放在儿女的额头上，口中念念有词，祝福子女，这是古人

制作重阳糕的本意。讲究的重阳糕会做成九层，形如宝塔，上面还会做成两只小羊，以符合重阳（羊）的含义。有些重阳糕上还会插一小红纸旗，并点上蜡烛，这大概是用“点灯”“吃糕”的方式来代替“登高”，用小红纸旗来代替茱萸。

赏菊并饮菊花酒也是重阳节的传统习俗。重阳节正值金秋时节，菊花盛开。据传赏菊及饮菊花酒的习俗起源于东晋大诗人陶渊明。陶渊明以隐居、诗酒、爱菊闻名，后人效仿他，遂形成了重阳赏菊的风俗。在北宋都城东京，重阳赏菊之风尤为盛行，当时的菊花品种繁多，形态各异。

9. 冬至节

冬至节俗称冬节、长至节、亚岁等，至今仍有许多地方保留过冬至节的习俗。在现代人看来，冬至只是一个节气。但在古代，冬至不仅是节日，而且是重要的节日，有“冬至大如年”之说。这一天昼短夜长达到极点，之后白昼便逐渐延长，故有“冬至一阳生，气始于冬至”的说法。

先秦时期，冬至已有年节的意义、地位和习俗。直到唐代，冬至节仍是相当于“亚岁”的大节。

冬至这一天，官方要祭天，民间则要进行祭祖活动。此外，还有吃馄饨的习俗。清代的《燕京岁时记》记载，“夫馄饨之形，有如鸡卵，颇似天地浑沌之象，故于冬至日食之”。

各地在冬至也有不同的饮食习俗，主要如下：

（1）吃饺子

在中国北方的大部分地区，每到冬至这一天，不论贫富，饺子都是必不可少的节日食品。据说冬至吃饺子是为了纪念“医圣”张仲景的“祛寒娇耳汤”，因此张仲景被称为饺子始祖。至今河南南阳仍有“冬至不端饺子碗，冻掉耳朵没人管”的民谣。此外，中国许多地方还有冬至吃馄饨的习俗。

（2）吃汤圆

在中国南方的大部分地区，冬至有吃汤圆的传统习俗。一些地方有“吃了汤圆大一岁”的说法。汤圆也称汤团，冬至吃的汤团又叫“冬至团”。清朝史料显示，江南人用糯米粉做成面团，里面包上各种馅料，即为汤团。冬至团可以用来祭祖，也可以用来互赠亲朋。旧时上海人很讲究吃汤团，在家宴上品尝新酿的酒、花糕和汤团，然后用肉块祭祖。汤圆是中国传统的美味食品，南北各地有不少汤圆的名品。

（3）吃年糕

有些地方的人们在冬至有吃年糕的习俗，而且要做三种不同风味的年糕。早上吃的是撒芝麻粉拌白糖的年糕，中午用冬笋丝、肉丝等炒年糕吃，晚餐是雪里蕻、肉丝、笋丝汤煮年糕。中国民间还有冬至吃赤豆糯米饭的习俗。

10. 腊八节

腊八节又称腊祭日，是中国先民祭祀祖先和神灵（包括门神、户神、灶神、井神等）的古老节日，旨在祈求丰收和吉祥。

到南北朝时，这一节日逐渐固定在农历腊月初八。每逢腊八这一日，民间都会准备一顿特色粥，以祭祀神灵。这种粥以五谷杂粮为主，掺入花生、栗子、红枣、核桃仁、杏仁等，经微火慢煮，炖至软烂，再加入糖，制成粥，俗称“腊八粥”。粥煮好后，人们会先盛出几碗，敬神祀祖。

11. 祭灶日

俗话说，“腊月二十三，灶王爷上天”，这一天被称为“祭灶日”。这一天晚餐之前，家家户户都会买回用玉米或小米特制的“祭灶糖”，晚上敬献给灶王爷，意为糊住灶王爷的嘴，避免他上天后乱说话。同时，人们还会燃放鞭炮送灶神。佛龛神像的两侧还要贴上一副对联，上联写“上天言好事”，下联写“下界降吉祥”或“下界保平安”等，如图 2-8 所示。祭灶用过的祭灶糖，一般会与玉米面搅在一起做成团子，分发给家里的小孩或大人吃。

图 2-8 祭灶对联

第三节 人生礼仪饮食习俗

在人生的重要阶段，人们会用相应的礼仪加以庆祝或纪念。中国传统文化中，人生礼仪是极其重要的部分。在这些礼仪中，又大多有一些传统的饮食习俗。

一、订婚饮食习俗

中国古代将订婚称为“过大礼”“大聘”“放大定”。聘礼中包含了丰富的食礼和饮食习俗。

1. 以茶为聘礼

在中国，以茶为聘礼有着悠久的历史。古人认为，茶树只能从种子萌芽后长成植株而不能移植，因此人们赋予其忠贞的寓意，预示女子一旦接受聘礼，就应像茶树一样坚定不移。同时，茶树是常绿树，以茶为聘，也寓意爱情的永世常青。图 2-9 所示为茶饼。

图 2-9 茶饼

2. 以鸡、鹅为聘礼

古代，鸡、鹅是聘礼中的重要物品。根据《仪礼》记载，男方在求婚时，要以雁为礼物。据说这是周公当年定下的规矩。

关于古礼用雁，主要有以下两层含义：第一，雁是随季节变化而迁徙的候鸟，顺乎阴阳往来并且遵时守信。第二，雁总是雌雄成双成对在一起，一只雁一生之中只认定一个“配偶”，双方不离不弃。因此以雁为礼有忠贞不渝的寓意。后来，雁越来越难得，后世便常以鸡、鸭、鹅三禽代替雁。如今在河北、辽宁、安徽、江苏等地民间，仍有以鸡、鹅作聘礼的习俗。

3. 老北京放大定时的食礼

迎娶的日子确定后，紧接着就是“放大定”，通常在迎娶前两个月或一百天举行。放大定的主要内容之一是男方通知女方迎娶的吉日，故又称通信过礼。在老北京，“放大定”所送礼物分为四种。一是衣料首饰类，包括衣料或已裁制好的衣服及各种首饰。二是酒肉食品类，有双鹅、双坛子酒、羊腿、肘子及各种蒸食，但女方家只能收一只鹅、一坛子酒，出于礼貌，剩下的要送回男方家。三是面食类，有“龙凤饼”“水晶糕”及各种喜点。四是干鲜果品类，包括四干果、四鲜果。四鲜果中有苹果，寓意平平安安。禁用梨，因“离”与“梨”谐音，要避免夫妻“分离”。四干果包括红枣、花生、桂圆、栗子，取“早生贵子”之意。

从以上订婚饮食习俗中，不难看出中国人对婚姻的重视都凝聚在这些富有祝福和吉祥意义的食物中。当食物被赋予更多的文化内涵时，饮食文化才真正与其他文化相交融。

二、出阁饮食习俗

订婚后，女方要筹备嫁妆。嫁妆中多有食品，其食用价值已不再是主要因素，更重要的是它们所蕴含的祝福意义。

1.“小夜饭”饮食习俗

在江南一些地方，婚礼当日有为新娘准备“小夜饭”的出阁饮食习俗。当闹洞房的客人散去后，新娘会打开从娘家带来的饭食用。饭上一般会放一些蔬菜、腌菜，也可放红枣、莲子等甜食。这源于娘家人对新娘的疼爱，他们担心新娘初到婆家会感到陌生，不好意思向婆婆索要食物。

2. 祈孕求子的饮食习俗

中国传统婚姻观念里，结婚的目的之一是生儿育女和传宗接代，因此各地的婚嫁活动中大多包含有“早生子，多生子”的寓意。嫁妆中的食品也往往蕴含了这种意思。人们经常在嫁妆食品中选用瓜子、豆子、栗子等名称中带有“子”字的食品。岭南地区的嫁妆中更是要放几枚石榴，石榴多子，取其“多子多孙”的寓意。

自古以来，鸡蛋就是嫁妆中很常见的一种食品。在江浙一带，嫁妆中有一种名叫“子孙桶”的器具，桶中放一枚鸡蛋、一包喜果，送到男方家后取出，当地人称这种举

动为“送子”。鸡蛋能孕育出小鸡，因此民间认为吃了鸡蛋就能早得贵子。

3.“别亲饭”饮食习俗

在一些地方，姑娘出嫁前有吃“别亲饭”或“辞家宴”的饮食习俗。旧时浙江一些地方，新娘上轿前女方家要事先准备好 12 个红鸡蛋，鱼、肉、糖、盐、炭、鸡肉各两包，还有米三升三合，并将这些东西从新娘的裤腰里一一放入，再由裤脚拿出。喜娘在一旁念念有词：“将来生儿生女如鸡下蛋快。”新娘吃过“别亲饭”后，还要在嘴里留一个肉圆子，不能吞下，直到花轿抬到男方家时才能吃下。

在我国红水河和柳江沿岸的一些地方，新娘上轿前要坐在堂屋中间，背朝香火，由父母和儿女双全的人将夫家送来的一碗饭端在手上。司仪高颂：“一碗米饭白莲莲，糖在上面肉在间。女家吃了男家饭，代代儿孙中状元。”周围的人会应声答道：“好的！有的！”端碗的人轻轻将碗里的一根葱、一只鸡腿、一块红糖拨到一边，给新娘扒三口饭，新娘吃三口吐三口（由弟妹用裙子接住）。接着。司仪把一把筷子递给新娘，她从自己肩上再递给后面的小辈，自己则不得朝后看。

三、婚礼饮食习俗

自古以来，在婚礼上亲朋好友都会前来贺喜，而举办婚礼的家庭则会设宴款待宾客。在闹洞房之际，为了增添婚礼的喜庆氛围，众人也常将食品作为道具，将婚礼气氛推向高潮。

1. 婚宴饮食习俗

婚宴在民间又被称为“喜宴”，是对来访贺喜之人表达感谢的一种方式，热闹隆重且讲究颇多。在古代，举行婚礼时办酒席宴请宾客是男女正式成婚的一种权威证明。即使在现代，这种观念依然在一些人的心中根深蒂固。

婚宴通常在新郎、新娘拜堂仪式结束后举行。如果前来贺喜的宾客较多，婚宴可能会分两天举办。民间婚宴有讲究和烦琐的礼俗，婚宴进行时，遵循长幼有序的传统思想，需要有一名人员专门负责引领贺喜的宾客按照秩序入座。

在民间婚宴上，有些菜并非直接在婚宴上食用，而是让赴宴的宾客带回家享用，这类菜被称为“分菜”。分菜一般是炸制的无汁菜，常做成块状或圆子，便于分装携带。婚宴不仅通过上菜的多少来显示规格的高低，还特别讲究酒席菜谱的编排和菜名蕴含的吉祥祝福寓意。通常有“双喜、四全、婚扣八”一说，即菜肴要成双成对，逢四扣八，蕴含“待要发，不离八”的意思。民间风俗还认为，婚宴桌数越多越能显示主人家的人缘好，得到的邻里祝福多，主人家的威望也越高。

婚宴结束后离开席位也有讲究，例如，主桌未散席前，其他桌的客人不能随便离席，即使吃完也要奉陪，直到主桌散席方可离席。

2. 洞房饮食习俗

婚宴结束后，新郎、新娘进入洞房，接着便是一系列热闹的活动。饮食是洞房文化中不可或缺的部分。

在我国一些地方，新人入洞房时有“撒喜果”的婚俗。这种习俗起源于汉代。到了宋代，这种习俗更加流行。洞房之中，新郎、新娘坐在床沿上，由有一定财富和社会地位的“全福人”（指父母健在，有丈夫，儿女齐全的妇人）手捧果盘，将盘中的各种干果向帐内抛撒，边撒边呼吉祥语。

四、育婴饮食习俗

按照中国民间传统风俗，喜得新生命的家庭会受到众人的祝贺。在这些庆贺仪式中，有很多与饮食有关的内容。

1.“三朝”饮食习俗

新生儿刚刚诞生后，亲朋好友会前往祝贺，主人家则要办酒席答谢，民间称此为“做三朝”。“三朝”并不拘泥于三天，民间也有举办九天的。

饮食活动是“三朝”的重要内容。仪式中会为婴儿洗澡，浴盆中会放置喜蛋等含有吉祥意义的物品。为了使产妇产后虚弱的身体得到调养，来贺的亲朋会送上食品。婴儿的外婆会送十全果、挂面、喜蛋和香饼，并用香汤给婴儿洗澡，边洗边念祝福歌，如“长流水，水流长，聪明伶俐好儿郎”。

按照民间礼仪，生子之家受贺收礼后，会安排宴席招待亲戚朋友，称为“三朝宴”，古代也称其为“汤饼宴”。汤饼即面饼，在唐代时经常作为新生儿之家设宴招待来客的第一道食品。清朝以后，汤饼在“三朝”中的地位逐渐被红蛋取代。

2.“满月”饮食习俗

婴儿降生一个月称为“满月”。民间一般会在这天“过满月”，置办“满月酒”。有的地方会向亲友赠送熟蛋，称为喜蛋，其外壳被染成红色以示喜庆，如图2-10所示。“满月”举办宴席的饮食习俗自唐代起一直延续至今。

图 2-10　喜蛋

3.“抓周”饮食习俗

婴儿出生满一年称周岁，有“抓周”或称“试儿”之俗，以预测小儿的性情、志趣、前途与职业。届时亲朋会带着礼物前来祝福，主人家则设宴招待。这种宴席上须有长寿面，菜名则多寓意“长命百岁”“富贵康宁”，要求吉庆、风光。周岁宴席后，诞生礼就告一段落了。

五、寿诞饮食习俗

寿诞也称寿辰，民间俗称生日。旧时人们的生日通常按照农历计算，寿诞饮食习俗是专为庆贺生日而举行的饮食活动。

南北朝时期，史料上已有过生日的记载。到了唐代，民间开始举办各种庆寿活动，如设酒席、奏乐曲等。宋代起，生日当天赠送礼物的风俗在士庶之间盛行，并延续至今。

1. 寿宴

寿宴是生日时举办的庆祝宴会。寿宴特别重视逢十的生日，有“贺天命”“贺花甲”“贺古稀”“贺期颐”等名称。寿宴菜品名称多蕴含吉祥数字，如“九九寿席”“八仙席”等，还有象征长寿的“松鹤延年”“六合同春”“福如东海”“白云青松”等菜品。这些菜品名字都寄托了对长者健康长寿的美好祝愿。前来贺寿的宾客，除了带寿面、寿桃作为贺礼外，还可带其他寓意吉祥的礼物。图 2-11 所示为清乾隆时的宫廷寿宴食谱。

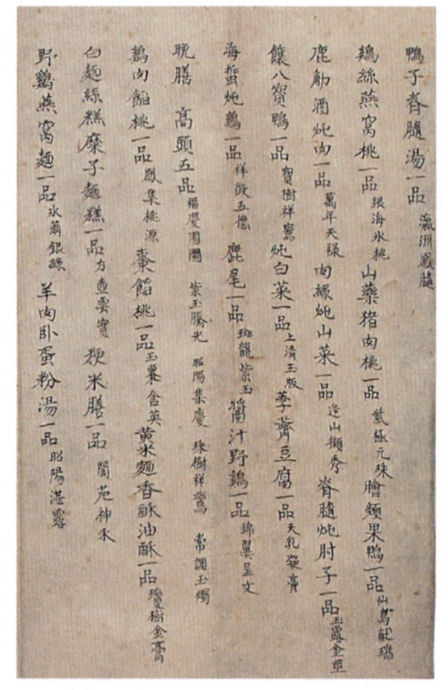
鴨子脊髓湯一品
鷄絲燕窩桃一品 山藥豬肉桃一品 膾頻果鴨一品
鹿筋酒炖肉一品 肉絲炖山菜一品 脊髓炖肘子一品
饌八寶鴨一品 炖白菜一品 荸薺豆腐一品
海蛰炖鷄一品 鹿尾一品 醬汁野鷄一品
晚膳 高頭五品
鷄肉餡桃一品 棗餡桃一品 黄米麵香酥油酥一品
白麵絲糕糜子麵糕一品 粳米膳一品
野鷄燕窩麵一品 羊肉卧蛋粉湯一品

图 2-11 宫廷寿宴食谱

2. 寿面

寿面是生日当天吃的面条，古代又称“生日汤面”或“长命面”。因其绵长，寓意延年益寿。古代寿面一般长 1 米，每束百根以上，盘成塔形，作为寿礼献给寿星，且要备双份。寿宴上，寿面是主食。吃寿面有讲究，每次夹起的面条必须一口气吃完，不可咬断，且须整碗吃完，否则视为不吉利。至今，这种饮食习俗仍在民间广为流传。

3. 寿桃

寿桃（见图 2-12）是以米粉或面粉为原料制作的桃形食物，也有选用新鲜桃子制作的。蒸制的寿桃通常会在桃尖处染红，并加上祥云、吉祥话等造型的装饰物。庆寿时，寿桃会陈列在寿案上，9 桃相叠为一盘，3 盘并列。寿桃的传说历史悠久，古代小说集《神异经》中描述了食桃可令人长寿的神奇效果。中国古代神话中，西王母寿辰之日，在瑶池设蟠桃会招待众仙，后

图 2-12 寿桃

世祝寿便沿袭了使用寿桃这一传统。

从上述丰富的寿宴饮食习俗可以看出中国人对生日的重视。庆生仪式中的活动和礼仪不仅表达了对做寿之人的祝福，更寄托了人们对健康长寿的美好愿望。

六、丧葬饮食习俗

丧葬时，逝者的亲属需要招待前来吊唁的亲朋好友及协助处理丧事的人，由此形成了丧葬饮食习俗。

1. 丧席饮食习俗

在中国民间，吊丧的宾客在饮食上的限制较少，丧席中常有肉食，有时也包括酒。但是，宾客在丧宴之上应遵守礼仪，不得过度饮酒，喧哗嬉闹，以免与哀悼的气氛相悖。

我国各个地区的丧席饮食习俗各具特色。在鲁北地区，出殡当日会准备八碗菜，且常使用祭礼上的食品做成杂烩菜招待宾客，当地称之为“八大碗”，在喜庆场合则避免提及此词。在胶东地区，进餐时，为表达哀思，常食用白面馒头和白米饭。扬州地区的丧席一般是六样菜，即红烧肉、红烧鸡块、红烧鱼、炒豌豆苗、炒大粉、炒鸡蛋，当地称其为“六大碗”。

2. 祭祀逝者的饮食习俗

除了葬礼宴席上的饮食习俗，祭祀逝者时各地也有不同的饮食习俗。在济南，逝者去世后第三天，丧家会携带盛有米汤的瓦罐前往土地庙，呼唤逝去的亲人并在各处洒上米汤。在出殡之日，全家和亲友会聚在一起吃丧葬饭。

老北京的风俗中，人们会在逝者灵位前供奉干鲜果品和奶饽饽。奶饽饽要一层层码放，有时可达数百枚。灵位前还会准备一个罐子，出殡时将各种食品尽可能多地放入其中，之后埋在棺前。后来，这种风俗逐渐消失。

第四节　饮食典故与饮食文化名人

在中国丰富的饮食文化中，有许多关于传统美食的故事及名人，它们丰富了中国饮食文化的内涵。

一、中国饮食典故

饮食典故是历代名厨在特定的历史条件下，根据食材的特性和深远的意义创制而成的。每一道菜点背后都承载着一段故事，让客人在品味美味佳肴的同时，也能感受到其背后的意境，领略中国饮食文化的博大精深。

1. 蛋禽类

（1）“叫花鸡”

“叫花鸡”（见图 2-13）起源于明末清初。相传江苏常熟一名叫花子偶然得到一只鸡，由于没有锅灶，他便借刀宰鸡、去内脏，用黄泥裹鸡，置于火中烧烤。待泥烧干后敲去泥壳，鸡毛随泥脱落，香气四溢。后来，这种做法被改进并流传开来，成为江浙一带的名菜，并传承至今。

（2）“套四宝”

“套四宝”（见图 2-14）是一道以鸡、鸭、鹌鹑、鸽子等禽类为原料制作的菜肴。相传明代有位姓王的老人，为选择能掌管家务的儿媳，出题让她们做菜，要求“四禽在一盘”。最终，三儿媳巧妙地将四禽整只去骨，层层相套，制作出色、香、味俱佳的菜肴，得到了老人的赞赏，这道菜也因此得名“套四宝”。后来，这道菜在各地流传开来，成为人们喜爱的佳肴。

图 2-13　“叫花鸡”

图 2-14　“套四宝”

（3）**“三不粘”**

“三不粘”（见图 2-15）又名“桂花蛋”，是河南安阳的传统名菜。相传，清朝时安阳有位县令，为让牙齿脱落的父亲享受美食，命家厨不断尝试新做法。一次，厨师用蛋黄、水、糖炒制出一道色、香、味俱佳的菜肴，老人食用后赞不绝口。因这道菜不粘盘子、不粘筷子、不粘牙齿，故得名“三不粘”。

（4）**“道口烧鸡”**

“道口烧鸡”（见图 2-16）起源于清朝。“道口烧鸡”的制作技艺历经数代传承，形成了一整套精湛的制作工艺，在色、香、味、烂等方面形成“四绝”。1956 年，“道口烧鸡”在中国食品展览会上被评为全国“十大名鸡”之首，并被定为国宴菜品之一。1981 年，“道口烧鸡”被商业部评为全国名特优产品。

图 2-15　“三不粘”

图 2-16　“道口烧鸡”

（5）**“宫保鸡丁”**

“宫保鸡丁”（见图 2-17）起源于清朝咸丰年间，由贵州人丁宝桢创制。丁宝桢喜好美食，擅长烹饪。他任山东巡抚时，常将“炒鸡丁”作为宴客佳肴。丁宝桢调任四川总督后，为适应当地人嗜辣的口味，将“炒鸡丁”加以改进，形成新菜。因丁宝桢曾被封为太子少保，被尊称为“宫保”，故此菜得名“宫保鸡丁”，流传至今。

2. 肉类

（1）“东坡肉”

北宋文学家苏轼号东坡居士，世人多称其苏东坡。他不仅在文坛享有盛名，更是一位美食家。其著作《菜羹赋》《猪肉颂》等对我国烹饪技艺产生了深远影响。据传，苏轼任杭州知州时，带领百姓疏浚西湖，建桥修堤，深受民众爱戴。某一年春节将至，民众纷纷送来猪肉以示敬意。苏轼心系疏浚西湖的民工，便命家厨将肉烹制后送给民工。民工为表感激之情，将此肉命名为“东坡肉”（见图 2-18）。自此，这段佳话和烹制方法一同流传至今。

图 2-17 “宫保鸡丁”

图 2-18 “东坡肉”

（2）“烤全羊”

“烤全羊”（见图 2-19）是蒙古草原传统的风味美食之一，也是蒙古族人民招待宾客的佳肴。“烤全羊”之所以广受欢迎，相传与成吉思汗有关。成吉思汗东征西伐期间，军务繁忙，负责其膳食的官员烤制出酥香、焦脆、不膻不腻的羊肉供其食用，成吉思汗对此极为喜爱，日日享用。此后，军中聚餐或宴会时，成吉思汗总会吩咐上“烤全羊”。随着时间的推移，“烤全羊”逐渐成为牧民餐桌上的名菜，并逐渐走入宾馆、饭店，成为人们青睐的风味美食。

（3）“九转大肠”

相传清朝光绪年间，济南府的商人杜九龄是个信佛之人，对佛家的“九九归一”之说极为崇拜，因此生活中常以“九”字为念。杜九龄在济南开设了名为“九华楼”的酒楼，酒楼中的厨师擅长用牲畜下水烧菜，曾创制出多道佳肴，打破了传统观念中下水不能上席的局限，赢得了食客们的赞誉。某日，杜九龄设宴待客，席间有一道“红烧大肠”颇受欢迎，食客们争相品尝，赞不绝口。席间一文士为迎合杜九龄喜好“九”字的特点，便为这道菜取名“九转大肠”（见图 2-20），意为可与九转仙丹媲美，杜九龄对此菜名非常满意。“九转大肠”随后声名鹊起，风靡一时，成为山东名菜，流传至今。

图 2-19　“烤全羊”

图 2-20　“九转大肠”

（4）“夫妻肺片”

清朝末年，成都街头巷尾有许多小贩挑担、提篮叫卖凉拌肺片。这些小贩使用牛杂碎特别是牛肺，进行卤煮和拌制后，制成风味独特、物美价廉的菜肴，深受黄包车夫、脚夫和穷苦学生们的喜爱。

20 世纪 30 年代，成都有一对夫妇摆了一个小摊，专门售卖凉拌肺片。夫妇俩制作的肺片精细讲究，颜色金红发亮，麻辣鲜香。由于夫妇俩配合默契，顾客们亲切地将这道菜称为“夫妻肺片”（见图 2-21）。夫妇俩不断改进用料和拌制技术，店铺生意越发兴隆，远近闻名。某日，一位顾客品尝过他们的肺片后赞不绝口，特意送上金字牌匾，上书“夫妻肺片”四个大字，从此这道小吃更加声名远扬。

图 2-21　“夫妻肺片”

3. 水产类

（1）“糖醋软熘鲤鱼焙面”

这道菜由“糖醋熘鱼”和“焙面”搭配而成，是河南省传统名菜。传说清光绪皇帝和慈禧太后曾在开封停留，开封地方官员将龙须面与熘鱼搭配后进献，得到慈禧太后和光绪皇帝的称赞。

“焙面”又称“龙须面”。据《如梦录》记载，明代每逢农历二月初二，即所谓“龙抬头”之日，为求吉祥，官府、民间都以细面相赠，称之为“龙须面”。起初面用水煮，后经改进，改为油炸，配菜肴同食，故称“焙面”。

1930 年前后，开封名厨创制了“糖醋软熘鲤鱼焙面”（见图 2-22）这道名菜，深受顾客欢迎。

（2）“西湖醋鱼”

相传，杭州西湖边有一户以打鱼为生的三口之家。哥哥叫张山，憨厚朴实。弟弟叫张海，博学多才。张山的妻子美丽贤淑，人称张嫂。张嫂心灵手巧，擅长烹饪。一家人生活虽苦，却也其乐融融。不幸的是，张嫂因美貌被当地恶霸看中，恶霸设计害死了张山。叔嫂二人到官府告状，却遭毒打。走投无路之下，只好远走他乡。临行前，张嫂用草鱼加糖醋做了一道菜，对张海说：“无论何时，莫忘百姓疾苦；无论何地，牢记除暴安良。”后来张海考取功名，回杭州惩办了恶霸，但始终不知嫂子下落。一次，张海赴宴，席间一道鱼做的菜让他倍感熟悉，急唤厨师查看，竟是张嫂所做。叔嫂终于团圆，两人抱头痛哭。

张海因吃醋鱼而找到嫂子的事很快传遍了杭州，这道菜也逐渐流传开来，并被命名为“西湖醋鱼”（见图 2-23）。这道菜因简单易做，材料易得，很快在民间广为流传。

图 2-22 “糖醋软熘鲤鱼焙面”

图 2-23 “西湖醋鱼”

（3）“佛跳墙”

“佛跳墙”（见图 2-24）是我国名品佳肴。据传，此菜起源于清朝末年。当时，福州一位官员在家中设宴款待贵宾，官员夫人亲自下厨，选用鸡、鸭等十余种原料放入装有绍兴酒的坛中，精心煨制而成。贵宾尝后赞不绝口。

后来，厨师郑春发精心研究此菜，并在用料上加以改良，多用海鲜，少用肉类，效果更佳。

后来，郑春发继续研究此菜，制作的菜肴香味浓郁，广受赞誉。一日，几名秀才来菜馆饮酒品菜。这道菜端上桌后，坛盖一揭，香味四溢，秀才们陶醉不已。于是秀才们即席吟诗作赋，其中有诗句云："坛启荤香飘四邻，佛闻弃禅跳墙来。"众人齐声叫好。从此，"佛跳墙"成为此菜的正名。100 多年来，"佛跳墙"经几代名厨的不断改进和创新，愈加美味，驰名中外。

图 2-24　"佛跳墙"

4. 其他类

（1）"牡丹燕菜"

据说，在唐代武则天时期，洛阳长出了一个巨大的萝卜。人们视其为神物，不敢私自食用，于是敬献给了武则天。武则天见后十分欢喜，便命御厨将其烹制成菜。御厨们巧妙地加工萝卜，并掺入山珍海味，烹制出一道羹菜，献给武则天。只见这道菜形美色艳，味道鲜香，犹如燕窝一般。女皇品尝后，连连称赞，赐名为"燕菜"。由于此菜源于洛阳，所以又名"洛阳蒸菜"。

1973 年，周恩来总理陪同加拿大总理来到洛阳，洛阳的名厨为他们精心制作了一道清香别致的"洛阳燕菜"。只见一朵色彩夺目的"牡丹花"浮于汤面之上，宛如真花盛开，菜香花鲜，令贵宾们赞叹不已。周总理笑着说："洛阳牡丹甲天下，菜中也能开出牡丹花。"因此，后来人们又将这道菜称为"牡丹燕菜"（见图 2-25）。

图 2-25　"牡丹燕菜"

（2）"麻婆豆腐"

相传，清朝同治年间，四川成都有一家"陈兴盛"饭铺，主厨是店主之妻陈氏。当时，当地的挑油脚夫经常从店铺附近经过，中午时分，脚夫们便会拿着豆腐，从油篓里舀点菜油，请陈氏帮忙烹制成菜。随着时间的推移，陈氏总结出了一套独特的烹制豆腐的方法。她烹制的豆腐麻、辣、烫、嫩，口感极佳，深受人们喜爱。因此，来她的饭铺品尝豆腐的人越来越多，生意十分红火，远近闻名。

由于陈氏脸上有几颗麻子，人们便亲切地称她为陈麻婆，她烹制的豆腐也被称为"麻婆豆腐"（见图 2-26）。到了清光绪年间，《成都通览》将陈麻婆的豆腐店列为名店，并将"麻婆豆腐"列为名菜。"麻婆豆腐"流传至今，已成为家喻户晓、享誉国内外的名肴。

图 2-26 “麻婆豆腐”

二、中国饮食文化名人

在中国历史上，曾经涌现出一大批懂吃、会吃的文化名人和美食家。有的提出了自己的饮食主张，有的记述、赞美以及品评了各地的物产、饮食习俗和菜点，对饮食文化的发展作出了重要贡献。以下对其中几位作简要介绍。

1. 孔子

孔子是我国古代伟大的思想家、政治家、教育家。孔子逝世后，其弟子及再传弟子将孔子及其弟子的言行和思想记录下来，编成了儒家经典《论语》。从《论语》可以看出，孔子对饮食有自己的见解，其中最著名的有两点。一是“食不厌精，脍不厌细”。这里的“食”指的是粮食，“脍”指的是肉类。这句话的意思是，粮食不嫌舂得精，鱼和肉不嫌切得细，它表明了孔子对食物精细化的要求。二是“八不食”原则，即食物不新鲜不食、肉切得不方正不食等多种饮食上的讲究。

2. 苏轼

苏轼是北宋杰出的文学家、艺术家。他对中国食文化、酒文化、茶文化的发展都作出了重要贡献。在饮食方面，他不仅品尝了各地的美食，还亲自创造了许多佳肴。与苏轼相关的饮食典故也极大地丰富了中国饮食文化的内涵。

在酒文化方面，他撰写了大量以酒为主题的诗词文赋，为中国酒文化增添了丰富的内容。同时，苏轼还亲自尝试酿酒，对中国古代酒品的创新和酿造工艺的改进作出了贡献。

在茶文化方面，他撰写了大量专门咏茶的诗词歌赋，为中国茶文化注入了新的活力。他对茶性、茶功、茶味以及烹茶所用的水、火、器等都提出了独到的见解，对中国茶艺、茶道的发展作出了积极贡献。

由于苏轼对中国饮食文化的发展作出了巨大贡献，从宋代开始，陆续出现了以他的号“东坡”命名的各种菜肴。例如，杭州和四川有不同做法的“东坡肉”，一些地方还有“东坡鱼”“东坡脯”“东坡饼”“东坡酥”“东坡羹”“东坡羊肉”“东坡墨鱼”“东坡火腿”“东坡肘子”等菜品。“东坡”系列菜品的开发与研究已经成为烹饪文化学界的热点项目之一。

有学者根据苏轼留下的大量诗文以及与苏轼相关的宋代文献进行研究，梳理了苏轼写到的“元修菜”等菜点或饭粥羹汤，设计出 30 种东坡菜、20 种东坡点心、3 种不同档次的东坡宴。

3. 陆游

陆游是南宋著名诗人，还是一位精通烹饪的专家。在他的诗词中，咏叹美食的足足有上百首。陆游记述了当时许多地方的佳肴美馔，还有不少对饮食的独到见解。

陆游的烹饪技艺很高，常常亲自下厨掌勺。一次，他就地取材，用竹笋、蕨菜和野鸡等食材，烹制出一桌丰盛的佳肴，令宾客们赞不绝口。他还用白菜、萝卜、山芋等家常蔬菜做甜羹，江浙一带居民争相仿效。

陆游的诗词中，描述烹饪的有上百首。由此可见，陆游不仅擅长烹饪，而且热爱烹饪。他欣赏这些家乡名菜名点，所以当他宦游蜀地之时，不时要通过怀念家乡菜点来抒发他的恋乡之情，写出了“十年流落忆南烹”的诗句。

陆游长期在四川为官，对川菜兴趣浓厚。陆游在诗中还称赞了四川的韭黄、粽子、甲鱼羹等食品。

陆游认为，蔬菜不要过多调味。但从“半铢盐酪不须添”之句来看，他有些过于强调食材的“本味”，否定了盐（主味）和其他调味料的作用，这种极端的观点并不完全可取。

陆游到了晚年基本吃素，他认为吃素既节俭，又可养生。他尤其嗜食荠菜，常常吃得不亦乐乎。他对荠菜的做法也很讲究，主张采来便煮，确保新鲜，不加盐酪，以保留真味。陆游还认为吃粥可以强身益气，延年益寿。

陆游提倡乡土风味，他曾写道：“鲈肥菰脆调羹美，荞熟油新作饼香。自古达人轻富贵，例缘乡味忆还乡。”诗句表达了他对乡土风味的喜爱。

4. 袁枚

袁枚是清朝的诗人、散文家、文学批评家和美食家，享有中国古代“食圣”的美誉。在中国饮食文化史上，袁枚是首位全面、系统且深入地探讨中国烹饪技术理论问题的人。他的《随园食单》在中国古代饮食著述史上，可谓集经验与理论之大成，影响深远，代表了中国传统饮食学发展的最高水平。该书从烹饪技术理论出发，详尽论述了从食材采办、加工到烹调装盘以及菜品用器等方面的内容，并对当时国内很多地

区的美食进行了点评鉴赏，是一部划时代的烹饪典籍。

袁枚认为："学问之道，先知而后行，饮食亦然。"他明确地将饮食视为一种学问，并为之不懈努力，正如他所标榜的："平生品味似评诗，别有酸咸世不知。"

在袁枚看来，论诗与论味、品味与作诗，在哲学和美学精神上是相通的。他十分关注各种饮食的特点和烹饪技术。为了追求美味，他常常在品尝美食后，派家厨去学习菜谱，并整理保存。

袁枚自认为其学术生涯和成就中，相当一部分属于食学，甚至声称自己的食学成就不亚于诗学成就。他认为人生与国家大事中，饮食占据重要地位。他将高层次的饮食生活视为一种艺术化境界，认为菜肴的制作应该追求极致化结果，这需要像他这样的美食行家和"良厨"的共同努力。袁枚提出"作厨如作医"，认为达到艺术化境界的菜肴制作，并非一般意义的厨师烧菜，而是如同治国、治军一样的"治菜"。他认为世间万事万物中，"知己难，知味尤难"。

袁枚认为饮食是大学问，把饮食作为毕生研究的学术，并取得了无与伦比的成就。他将人生食事提高到艺术的高度，为厨师立传，成为社会公认的专业美食鉴评家。他系统地提出了"戒耳餐""戒目食"等一系列文明进食的要求。他提出了厨师的规范，倡导科学饮食。他宣称自己"好味"，与道统强调的"君子谋道不谋食"的圣训直接相悖。他将"鲜味"认定为基本味型，提出"味欲其鲜，趣欲其真，人必知此，而后可与论诗"。

思考题

1. 什么是宴席边列案制度?
2. 中国传统节日饮食习俗的特点是什么?
3. 简述三个中国传统节日的典型饮食习俗。
4. 我国传统订婚饮食习俗有哪些?
5. 查资料找出5位中国饮食文化名人，简述其关于饮食文化的观点。

第三章 中国肴馔文化

学习目标

1. 了解中国菜系的形成与发展。
2. 掌握中国菜点的特点。
3. 了解中国肴馔制作技艺。
4. 了解中国主要菜系与面点小吃。
5. 了解中国肴馔的美化手段。

中国肴馔在几千年的发展历程中，于肴馔的美化、历史演变及地方风味流派的形成等方面，积累了深厚的文化底蕴，蕴含着丰富的文化内涵。

第一节　中国菜系的历史与菜点特点

菜系是中国饮食文化的重要体现，具有鲜明的区域性特征。

一、中国菜系的形成与发展

中国菜系的形成与发展，受到特定地域的地理气候、风俗习惯、历史文化等多重因素的共同影响，并与古代相对落后的生产力和一定程度的排外性有关。

在先秦时期，菜系已初步显现出南北的差异，北方以齐鲁风味为代表，而南方则以荆吴风味为特色。到了秦汉时期，各地菜肴的风味特色更加明显，如北方偏爱咸鲜口味，蜀地喜好辛香，荆吴地区更倾向于甜酸口味。菜系的初步框架在宋代开始形成，当时市场上的菜肴已明确区分为“南食”和“北食”。到了明清时期，各地菜肴的特色更加鲜明。到了清末，川、粤、苏、鲁“四大菜系”的独特风味更加突出。

由于各地人们的饮食习惯不同，风味各异的餐馆应运而生。这些地方风味餐馆的出现，标志着地方菜肴流派的形成。随着各种地方风味餐馆的逐渐发展，在一些大城市中形成了不同的饮食“帮口”（又称“菜帮”），如川帮、扬帮、徽帮。各“帮口”之间相互学习、融合，产生了许多相似之处，进而形成了更大的“帮口”或流派。到了 20 世纪 50 年代，“菜系”一词开始流行，并逐渐取代了“帮口”的称谓。

菜系具有显著的地域特色，其烹调方法、调味手段、风味菜式及影响区域均与其他菜系不同，并在国内外产生了深远影响。总体而言，我国菜系大致可划分为川菜、粤菜、苏菜（淮扬菜）、鲁菜四大菜系。尽管这些菜系以省份命名，但它们的影响范围远远超出了省份的界限。在口味、烹调方式上与之相近或相同的地区，都可视为该菜系的覆盖范围。在一个菜系内部，也存在不同的流派和分支。例如，鲁菜又可分为济南菜、济宁菜和胶东菜等。鲁菜的影响范围除山东外，还包括北京、天津、河北、东北三省以及山西、陕西等地。这些地区都受到了鲁菜口味和饮食习俗的影响，构成了北方菜的主干。然而，四大菜系的口味特征并不能完全涵盖各地不断涌现的新口味。随着社会的发展和交通的便利，各地菜肴口味呈现出趋同的态势，菜肴也具有融合的趋势。

知识拓展

开国第一宴

中华人民共和国开国大典之夜，中共中央领导同志及社会各界代表共计600多人，出席了在北京饭店举办的中华人民共和国首次国宴。此次宴会后来被誉为“开国第一宴”。

鉴于出席宴会的嘉宾来自全国各地，口味差异大，为了尽可能满足大家的口味，宴会组织者决定选取口味适中的淮扬菜。于是，当时北京著名的淮扬菜饭店——“玉华台饭庄”的几位淮扬菜大师，受邀主厨这场“开国第一宴”。

当晚的宴会上，菜品琳琅满目，包括“美味四小碟”“炸年糕”“艾窝窝”“黄桥烧饼”“淮扬汤包”等点心，“扬州蟹肉狮子头”“全家福”“东坡肉”“鸡汤煮干丝”“口蘑罐焖鸡”等主菜，以及“菠萝八宝饭”等。

二、中国菜系形成的因素

我国幅员辽阔，各地区的自然条件、地理环境与物产资源存在显著差异，这为各地人民的饮食品种和口味习惯提供了不同的物质基础。长期形成的对某些独特口味的追求，逐渐演变为难以改变的饮食习惯，进而塑造了各具特色的风味菜系。

1. 自然、物产方面的因素

地理环境、气候及物产是塑造地方风味菜的关键因素。我国地域广大，南北气候迥异，对饮食习惯有很大的影响。例如，北方冬季寒冷，形成腌制和食用酸菜的习惯。川渝地区盆地湿气重，而辣椒可驱寒祛湿，便形成以“麻辣”为代表的饮食风味。此外，各地的物产也各具特色。或山珍，或海味，或河鲜，或野蔬，这些独特的物产为地方菜品的形成提供了丰富的原材料。同时，气候条件也影响了食材的生长周期和口感，进而塑造了各地菜品独特的烹饪方法和口味。

2. 宗教方面的因素

宗教通过饮食禁忌、烹饪规范等方面，深刻影响了部分地方菜系的食材选择、烹饪方式和文化内涵，对饮食习俗和风味菜系的形成有许多直接的影响。例如，受佛教文化的影响，形成了独特的素食菜系。

3. 历史、政治方面的因素

历史和政治因素也在菜系形成中发挥了重要作用。中国悠久的历史长河中，各个朝代的政治变迁、文化交流与融合，不断塑造和改变着地方菜系的特色。政治中心的迁移，带动了各地美食文化的传播与交流。同时，历史上的战争等事件也导致了人口迁徙，从而促进了不同地方菜系之间的融合与创新。在这些因素的共同作用下，地方菜系风格不断演变，形成了今天各自独特的口味和烹饪方法。

4. 经济方面的因素

地方菜系的形成，要求该地区具备发达的商业、便捷的交通与深厚的文化底蕴，而城市的繁荣则至关重要。只有在城市繁荣的背景下，大量的酒楼饭馆才会涌现。这些以烹调为主的经营场所为烹调技艺的广泛交流和提高提供了平台，进而催生出众多名馔佳肴。同时，城市的繁荣也意味着各种物资的汇聚，为烹调提供了丰富且富有地方特色的原料，使得所形成的名菜更具地方特色。

5. 文化、审美方面的因素

中国文化博大精深，不同地区的文化特色鲜明。这些文化差异也体现在菜系上。例如，市井文化较发达的地方，菜肴口味往往较浓重；而文人雅士文化较发达的地方，菜肴往往清淡且精巧雅致。

6. 工艺、宴席等方面的因素

烹调工艺水平和宴席设计也是菜系形成的重要因素。具有明显特色的菜系往往拥有高超的烹调工艺和丰富的名菜美点。这些实力强大的菜系能够在激烈的市场竞争中脱颖而出，获得较高的社会声誉。

此外，菜系的形成还依赖于一定数量的技艺高超并能传承其技艺的厨师，这是名菜诞生的关键。当然，高水平的消费者和有文化素养的美食评价者也起到了不可或缺的推动作用。

三、中国菜点的特点

中国菜点由历代宫廷菜、官府菜及各地方菜系共同组成，其中主体是各具特色的地方风味菜。其烹饪技艺之高超和文化内涵之丰富，可称世界一流。地方风味菜大都选料讲究，制作精细，风味各异，讲究色、香、味、形、器的协调统一。中国菜点历经长期的发展与提升，不仅融合了丰富的文化，更集中了各民族烹饪技艺的精华，从而形成了独一无二的特色。

1. 历史悠久

中国的烹饪历史源远流长，可以追溯到原始社会。历代厨师在长期实践中积累了丰富的经验和智慧，古代的书籍中记载了不少关于烹饪的内容，如战国时期的《吕氏春秋》、北魏的《齐民要术》、清代的《随园食单》等。此外，我国的许多名菜名点都与历史典故紧密相连。例如，四川的“麻婆豆腐”“宫保鸡丁”、江苏的“叫花鸡”、福建的“佛跳墙”等，背后都有有趣的故事。

2. 色、香、味、形俱佳

中国菜点非常注重色、香、味、形、器的整体协调，具有外形美观、滋味调和、色泽艳丽的特点。中国菜点尤其重视味觉的体验，以味为本，充分利用烹调技术，使菜点口感适宜，五味调和。在花色拼摆和食品雕刻方面，更是追求完美。图 3–1 所示为一款花色拼盘。

图 3–1　花色拼盘

3. 选料讲究，配料巧妙

中国菜点在选材上极为讲究，注重原料的产地、季节、部位以及鲜活程度，各种名菜的选材更是精益求精。阳澄湖的蟹、金华的火腿、黄河的鲤鱼等，都是因产地而闻名的美食。同时，中国菜点的配料也十分巧妙，取材广泛，无论是天上的飞禽、地上的走兽，还是水中的游鱼、土里的蔬菜，都可以成为佳肴。这种广泛的选材，使中国菜点十分丰富多彩。

4. 品种丰富

中国菜点的种类繁多，不同的地方菜系有 20 多种，各种风味菜点成千上万，这是世界上其他国家都无法比拟的，如北京的“涮羊肉”“烤鸭”（见图 3–2）、广州的“烤乳猪”等。菜肴品种的丰富主要与取材广泛、烹调方法多样以及口味多样化有关。我国的厨师在长期实践中积累了丰富的经验，创造了许多烹调方法。在调味和运用火候方面也是技艺精湛。有时，同一种原料运用不同的烹调方法和调料，所制成的菜肴风味就会大相径庭。例如：要求外焦里嫩的菜肴，就采用脆熘的烹调方法；要求软嫩的，则采用清蒸；要求汤白味浓的，就采用清炖。

图 3–2　烤鸭

第二节　中国肴馔制作技艺

中国肴馔制作技艺涵盖了菜肴、面点等各类食品的制作。这一技艺相当复杂，技术性和专业性强。而且，由于多数工艺需手工操作，必须经过专门的学习和训练才能掌握，所以并非人人都能在短期内轻松驾驭。中国肴馔的核心制作技艺包括选料、刀工、烹饪方法以及调味技巧等。

一、选料

中国地域广袤，资源丰富。中国食物原料的种类极为丰富，这为中国成为烹饪大国奠定了坚实的物质基础。

1. 原料的分类

（1）果蔬类

我国蔬菜资源丰富，品种繁多。主要蔬菜品种包括白菜、芹菜、番茄、菠菜、韭菜、土豆、萝卜、黄瓜、豆角、辣椒、蒜、葱、姜等。

我国水果品种众多。许多著名水果的原产地都在中国，如新疆的哈密瓜、广东的荔枝、山东的莱阳梨等。此外，我国热带地区还出产榴莲、山竹等特色水果。桃子的分布也很广，有湖南炎陵黄桃、江苏阳山水蜜桃、山东肥城桃等知名品种。在华南地区，香蕉、菠萝、荔枝、龙眼等水果大量出产。

（2）粮食类

我国粮食资源丰富，主要包括水稻、小麦、杂粮等。其中，水稻年产量约占全国粮食总产量的 30%，小麦年产量约占全国粮食总产量的 20%。我国的杂粮产量位居世界前列，产地主要集中在黄河下游各省和东北地区。

（3）畜禽类

我国的畜禽种类繁多。在纯牧区，主要有绵羊、山羊、马、黄牛、牦牛和骆驼等。而在农牧区，除了马、牛、羊外，还有驴、骡、猪及鸡、鸭、鹅等家禽。此外，还有丰富的禽蛋及其制品。

（4）水产品类

我国海洋资源丰富，为我国烹饪提供了丰富的原料。据统计，我国仅海洋鱼类就有 3 000 余种，其中具有较高营养价值的有 200 余种，以暖水性鱼类为主。此外，沿海还有百余种海生植物，如石花菜、麒麟菜、紫菜、海带、鹿角菜等。

湖泊中的水产品也同样丰富，包括鱼、虾、蟹类、贝类等。虽然淡水鱼种类相对不多，但产量大且经济价值高。湖泊所产的虾有青虾、白虾等，蟹类主要是中华绒螯蟹，贝类则包括螺、蚌和蚬等。水生植物资源中，大型水生植物有 70 余种，可供食用的主要有菱、莲等。

（5）干货类

我国的干货制品种类繁多，既可分为山珍类（如猴头菇等）、海味类（如鱼肚等）和一般干料（如木耳等），又可分为动物性干料（如鱿鱼等）和植物性干料（如玉兰片等），还可分为动物性海味干料、动物性陆生干料、植物性陆生干料以及菌类和陆生藻类干料等。图 3-3 所示为干料中的蹄筋。

图 3-3　蹄筋

（6）调味品类

在我国的饮食历史长河中，历代厨师研制出近千种复合调味品，对我国烹饪技术的发展及地方菜风味的形成起到了重要作用。调味品的分类方法多样，可按来源或形态等进行分类。例如按形态可分为固态调味品（如盐、糖等）、半固态调味品（如豆瓣酱等）和液态调味品（如酱油、醋等）。这些丰富的调味品为我国的烹饪艺术增添了无尽的风味与层次。

2. 选料原则

在制作肴馔时，首要的任务就是选择原料。原料的选择是否得当，直接关系到肴馔制作的成败。原料的选择包含两个层面的意义：一是根据菜品的需要确定主料、辅料和调料，明确其种类；二是在确定了品种之后，要精心挑选符合要求的原料，确保其质量。

从烹饪的角度来看，选料应遵循至少四个原则：

（1）要根据原料的固有品质来选择。这主要包括考察原料的品种、产地、营养素含量，以及口味和质感的优劣等。例如，“北京烤鸭”须选用北京填鸭，“清蒸武昌鱼”应选用湖北梁子湖的团头鲂，火腿以金华和宣威所产的为上乘，百合则以兰州所产的为佳。

（2）要根据原料的纯净度和成熟度来选择。这主要看原料的培育时间和上市季节，纯净度和成熟度越高，其利用率和使用价值也越大。

（3）要根据原料的新鲜度来选择。这通常通过观察原料的存放时间，以及从形态、光泽、水分、重量、质地和气味等方面进行综合判断。

（4）要根据原料的卫生状况来选择。必须严格按照《中华人民共和国食品安全法》的规定选择原料，任何受到污染、腐败变质或含有致病菌虫的原料都绝不能使用。

二、刀工

所谓刀工，就是根据烹饪、食用和美化的要求，运用各种不同的刀法，将烹饪原料加工成一定形状的操作技艺。

烹饪艺术的呈现，最初就表现在刀工上。孔子说的“割不正不食”“脍不厌细”及庄子的“游刃有余”说的都是刀工之妙。刀工的好坏也是鉴定一名厨师水平高低的一个标准。

1. 刀工的基本要求

运用刀工的目的是改变原料的形状，美化菜肴的形态，以便烹制出色、香、味、形、质俱佳的菜肴。中国烹饪对刀工的基本要求如下：

（1）均匀一致，整齐划一

这是刀工操作的最基本要求，也是保证菜肴质量的重要环节。如未能做到会影响烹饪的顺利进行，继而影响菜肴的质量。刀工处理后的原料大小不均、长短不一、粗细不等，都是刀工未过关的具体表现。

（2）工整利落，断连分明

刀工处理后的原料断面要工整，不出现毛边和碎料，该断则断，该连则连，不能似断非断，似连非连。要达到这些要求，必须注意：一是刀刃要保持锋利；二是刀刃要无缺口；三是砧板面要平整，切忌凹凸不平；四是落刀用力要均匀。

（3）适应烹饪要求

刀工处理后的原料，形状、大小要符合菜肴烹调的要求。例如，用来爆炒的原料应小、细、薄，用来焖炖的原料应大、粗、厚。

刀工处理还要适应原料的不同性质。例如：牛肉质老，肌肉纤维粗，应顶纹切；

鸡肉质嫩，易断，应顺纹切；猪肉质地介于上述两者之间，应斜纹切。

（4）刀工应有助于美化菜肴形态

对于一份菜肴，刀工处理时应考虑到原料在形状上的配合，应使配料衬托主料，配料形状略小于主料，做到主次分明，实现菜肴形态的和谐美。例如，“腰果虾仁”的配料胡萝卜、黄瓜、腰果的形状要相似，大小应小于虾仁。又如，“爆炒鱿鱼卷”的配料笋、辣椒的大小应小于鱿鱼卷。

对于一桌宴席，各种菜肴的原料形状要多样化。这样才符合美学原则，能给人以美的体验。

（5）合理使用原料

要做到“大材大用，小材小用，合理分用，充分利用”，达到物尽其用。

（6）符合卫生要求，力求保持营养

原料、刀具、砧板等都应清洁卫生。

生料、熟料要分开，防止交叉污染。

切配有异味的原料后，要清洗砧板和刀具。

现切现用，防止营养素被破坏。

避免使用不合理的加工方法，以免造成不卫生或营养素损失。

2. 常用刀法

刀法就是根据烹调和食用要求，将各种原料加工成一定形状的行刀技法。

按原料加工程度不同，刀法分为初加工刀法、细加工刀法、精加工刀法。

根据刀刃与砧板或原料的接触角度不同，刀法分为直刀法、平刀法、斜刀法、混合刀法、其他刀法（如花刀）。图 3–4 所示为采用花刀制作的“葡萄鱼”。

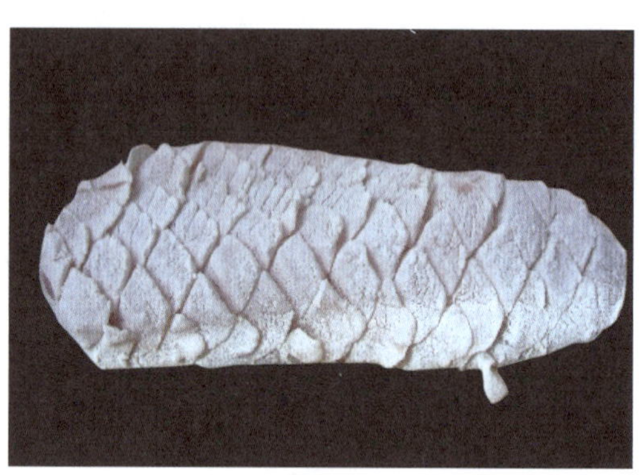

图 3–4　采用花刀制作的“葡萄鱼”

三、烹饪方法

我国烹饪历来重视火候的运用。《吕氏春秋》中有一段关于火候运用的记载。其大意是，依靠酸、甜、苦、辣、咸这五味和水、木、火这三材进行烹调，锅中多次沸腾，多次变化，都是依靠火来控制调节的。时而武火，时而文火，以消减腥味，去掉臊味，除去膻味，关键在于掌握火候，务必不要违背用火的规律。袁枚在《随园食单》中也强调“熟物之法，最重火候”。纵观古今，都强调“火为之纪”，因此，火候的掌握是决定菜肴质量的关键。

1. 火候

火候是指菜肴烹调过程中所用火力的大小及加热时间的长短。烹制菜肴时，火候掌握得是否恰当，对菜肴的口感，如老、嫩、酥、脆、软，有重要的影响，同时也会影响菜肴的色、香、味、形及营养价值。

烹饪的原料多种多样，质地也各不相同，有的质地老韧，有的质地脆嫩。而且，菜肴的原料组成也各不相同。因此，在烹制时应采用不同的火力，使做出的菜肴各具特色。

火力的大小很难具体划分。一般情况下，根据温度的高低进行分类是比较科学合理的。但是，在烹制菜肴的过程中，温度并不是恒定的，操作者也不可能不停地用温度计去测量。因此，一般根据火焰的大小和颜色、热辐射的强度以及热气流的强弱等对火力进行大致的分类，粗略地把火力分为旺火、中火、小火和微火四类。

热量可以自动地从高温物体传向低温物体。高温物体与低温物体间的热传递，除辐射外，一般需要通过传热介质进行。在烹调过程中，热源释放的热能会传给加热容器，再由加热容器通过水、油、汽、盐等传热介质传递给烹饪原料，使其成熟。

2. 热菜烹调方法

原料的种类、质地、形态各不相同，各种菜肴对其色、香、味、形、质的要求也各不相同。因此，不同菜肴适用的烹调方法也各有千秋。经过历代厨师的不断实践和创新，逐渐形成了众多的烹调方法。

根据主要传热介质不同，热菜烹调方法可分为以油为传热介质的烹调方法、以水为传热介质的烹调方法、以蒸汽为传热介质的烹调方法、以固体为传热介质的烹调方法和特殊传热介质的烹调方法等，如图 3–5 所示。此外还有热辐射形式的烹调方法。

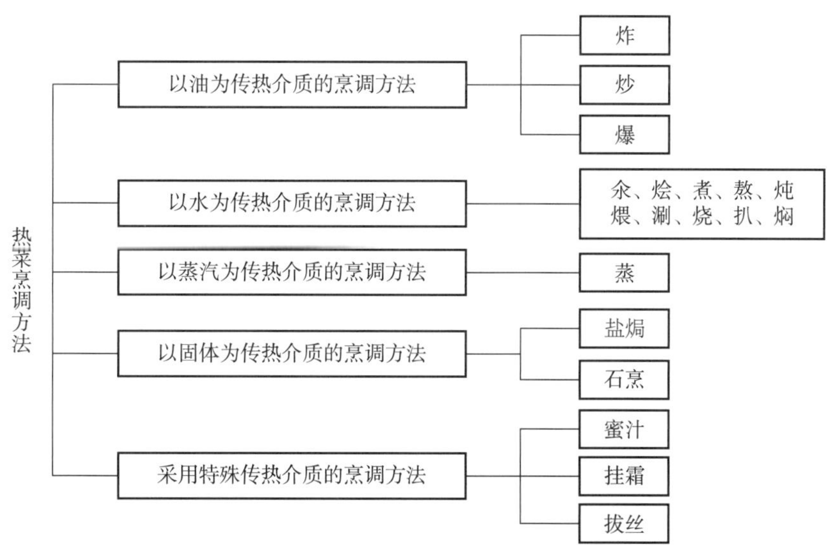

图 3–5　热菜烹调方法

四、调味技巧

中国菜肴的调味技巧是中华美食文化的精髓之一，展现了中国人对美食的细腻追求。调味技巧在中国菜肴中占据着举足轻重的地位，它不仅能够提升菜品的口感，还能够凸显食材的原味，让人回味无穷。

中国菜肴的调味，注重的是平衡与协调。在调味过程中，厨师们会精心挑选各种调味料，如姜、蒜、辣椒、花椒、酱油、醋等，根据菜品的口味要求进行巧妙的搭配。他们擅长运用不同调味料的特性，通过炖、煮、炒、蒸等烹调方法，使调味料充分渗透到食材中，达到口感的完美融合。

在中国菜肴中，调味的层次感也是至关重要的。一道成功的中国菜，往往能够让人在品尝过程中感受到多重口味的交织，如咸鲜、酸甜、酸辣等。这种层次感的营造，需要厨师对调味料的比例和加入时机进行精准把控，使得每一种调味料都能在菜品中发挥最大的作用。

此外，中国菜肴的调味还强调因地制宜、因时制宜。不同地区、不同季节的食材和调味料都有所不同，厨师们会根据实际情况进行调整和创新，以保证菜品的美味与新鲜。

中国菜肴的调味技巧是一门深奥的学问，它融合了中国人的智慧和对美食的热爱。正是这些精湛的调味技巧，使得中国菜肴能够在世界美食之林中独树一帜。

第三节　中国主要菜系

从地域角度看，各地的气候、习俗影响着各地的烹饪习惯，于是便出现了山东风味、广东风味、四川风味等。清代出现“帮口菜”的名称，有“扬帮菜”“川帮菜”等叫法。

从 20 世纪 50 年代开始，中国有“四大菜系”之说，即鲁菜、苏（淮扬）菜、川菜、粤菜等菜系。又有“八大菜系”之说，即在“四大菜系”基础上再加上浙菜、徽菜、湘菜、闽菜四大菜系。此外还有“十大菜系”之说，即在“八大菜系”基础上再加上京菜、沪菜两个菜系。

一、粤菜

广东物产丰富，烹饪原料种类繁多。广东天气多偏炎热，这使得粤菜口味偏清鲜，追求清而不淡，清中求鲜。

粤菜的特点在于其丰富精细的选材及清淡的口味。粤菜非常重视原料的季节性，有“不时不吃”的讲究。例如：吃鱼有“春鳊秋鲤夏三犁（鲥鱼）隆冬鲈”的说法；对于吃蛇，则有“秋风起，三蛇肥，此时食蛇好福气”的俗语；吃虾则是“清明虾，最肥美”；吃蔬菜时更是要挑选“时菜”，即应季的蔬菜，如有“北风起，菜心甜”的说法。

除了注重选择原料的最佳食用期，粤菜还精心挑选原料的最佳部位。粤菜追求清、鲜、嫩、滑、爽、香，旨在保留原料的本味和清鲜口感。虽然粤菜的调味品种类繁多，但通常只使用少量的姜、葱、蒜头作为“料头”，并避免过多使用辣椒等辛辣调料，口味也不会过咸或过甜。这种对清淡、鲜嫩和本味的追求，不仅符合广东地区的气候特点，也与现代营养学的理念相吻合，是一种科学的饮食文化。

世界各地的中餐馆，多数以粤菜为主要品种，因此粤菜被许多人视为海外中国菜的代表。粤菜融合了广州菜（广府菜）、潮州菜（潮汕菜）和东江菜（客家菜）三种独具特色的地方风味。

广州菜流行于珠江三角洲及周边地区，以用料丰富、选料精细、技艺精湛而著称，其口感清而不淡、鲜而不俗、嫩而不生、油而不腻。广州菜擅长小炒，对火候和油温的掌握恰到好处，同时还借鉴了许多西餐的烹饪方法，注重菜品的档次。潮州菜源自潮汕地区，融合了闽粤两地的烹饪精髓，自成一派，以海鲜类、汤类、素菜和甜菜见长。其刀工精细，口味清醇。东江菜则起源于广东东江流域的客家人聚居区，菜品以肉类为主，极少使用水产品。它强调主料，口味香浓，用油较多，味道偏咸，以砂锅菜为特色，具有独特的乡土风味。

粤菜名菜有“阿一鲍鱼”“广州文昌鸡”“新龙皇夜宴”“半岛御品官燕”“清蒸东星斑”“挂炉烧鹅”“生拆蟹肉烩海虎翅”“雁南飞茶田鸭”“烤乳猪”（见图 3-6）和潮州卤味等。经典粤菜则有“白切鸡”“红烧乳鸽”“蜜汁叉烧”“脆皮烧肉”等。

图 3-6 “烤乳猪”

二、鲁菜

山东的烹饪原料丰富。海产品有刺参、鲍鱼、海螺、乌鱼蛋、对虾、黄花鱼、鱼翅、西施舌、扇贝、海蜇等，黄河、微山湖的淡水产品有鲤鱼、甲鱼、青虾、螃蟹等。畜禽原料有鲁西黄牛、单县青山羊、寿光鸡、微山麻鸭等。植物原料名产有大明湖的蒲菜、茭白，汶上荸荠，以及章丘大葱、苍山大蒜、莱芜生姜、胶州大白菜、潍县萝卜、烟台苹果、莱阳梨、肥城桃、乐陵小枣、青州银瓜等。

鲁菜由济宁菜、济南菜、胶东菜等地方菜组成。济宁菜历史久远，选料讲究，加工精细，素以烹制河鲜及干鲜珍品见长，同时宴席礼仪也庄重严格，具有中国传统宴席的特色。济南菜以济南为中心，流行于德州、泰安一带，擅长运用爆、烧、炒、炸等烹调方法，菜肴以清、鲜、脆、嫩著称。济南菜特别讲究清汤和奶汤的调制，清汤色清而鲜，奶汤色白而醇，调制方法精细。胶东菜以烹制海鲜见长，擅长运用爆、炸、扒、蒸等烹调方法，口味以鲜为主，偏重清淡，注重保持主料的原汁原味。

总体上看，鲁菜常用的烹调方法有炸、熘、煎、烧、扒、炒、爆、蒸等，其中尤以爆、炒最能体现鲁菜快速成菜的特色。鲁菜口味以咸鲜为主，善用葱、蒜，常用的味型还有咸甜、酸辣、酸甜等。

鲁菜名菜有“糖醋鲤鱼”“三丝鱼翅”“白扒四宝”“九转大肠”“油爆双脆”“扒原壳鲍鱼”“油焖大虾”“醋椒鱼”“糟熘鱼片”“葱烧海参”（见图 3–7）等。

图 3–7　“葱烧海参”

三、川菜

四川、重庆的食物原料丰富而有特色。川渝地区盛产“三椒”（辣椒、花椒、胡椒），为其独特风味的形成奠定了重要的物质基础。

川菜享有“一味一菜，百味百菜”的美誉，以家常小炒见长。

川菜以肉菜、禽蛋菜以及水产品菜见长。在菜品形态上，既古朴又精巧。常用的烹调技法包括蒸、炒、爆、煸、炸、熘、煎、烧、焖、烩、汆、煮、炖、熏、卤、拌、炝、腌、糟等数十种。最能体现其独特火候技艺的包括小炒、干烧、小煎、干煸等技法。

川菜的常见味型包括咸鲜、咸鲜麻（如椒盐味、椒麻味）、咸鲜酸、咸鲜辣（如家常味、蒜泥味、煳辣味等）、咸鲜酸甜（如糖醋味、荔枝味等）、咸鲜麻辣、咸鲜酸甜辣（如鱼香味）、咸鲜酸辣（如酸辣味、芥末味）、咸鲜酸甜麻（如陈皮味）、咸鲜酸甜辣麻（如怪味）以及甜香味等，特别以麻辣、鱼香、怪味为其独特标志。其菜品的质感主要以嫩、酥、脆、糯、软烂为特色。

川菜名菜有“鱼香肉丝”“宫保鸡丁”“水煮肉片”“夫妻肺片”“麻婆豆腐”“辣子鸡”“万州烤鱼”“回锅肉”（见图 3–8）及重庆火锅等。

川菜以其菜式多样、荤素搭配、汤菜并重而著称，风格朴实无华，经济实惠，家常味十足，具有浓郁的大众气息，因此拥有深厚的食客基础。

图 3–8　“回锅肉”

四、苏菜

苏菜主要由淮扬菜、金陵菜、苏锡菜、徐海菜四种地方风味菜组成，其影响遍及长江中下游地区，在国内外均享有盛誉。其中淮扬菜是苏菜的重要组成部分，也是中国菜的杰出代表之一。

苏菜菜品精美，烹饪文化历史悠久。春秋战国时期，江苏地区已有“全鱼炙”“露鸡”“吴羹”以及讲究刀工的“鱼脍”等佳肴。汉朝至南北朝时期是苏菜的初步发展时期，除荤素菜肴外，其面食、素食与腌制食品等的制作也已达到一定水平。隋、唐、两宋时期，苏菜发展迎来了第一个高潮，不少海味菜、糟醉菜成为贡品，享有“东南佳味”的美誉。元、明、清时期，特别是清代，则是苏菜发展的第二个高潮。

苏菜菜式组合也颇具特色。除日常饮食和各档次宴席的菜式搭配讲究层次、各有章法之外，还有三类宴席别具一格：一为船宴，二为斋席，三为全席（如全鱼席）。

金陵菜以南京菜为代表，制作精细，玲珑小巧，可分可合。它讲究刀工，注重火候，口味上融合了各地美食的特点，能适应不同地域人群的口味。金陵菜口味平和，咸淡适宜，辣而不烈，肥而不腻，以鲜、香、酥、嫩著称。其烹调方法以炖、焖、烤为主。

淮扬菜以淮安、扬州、镇江、南通、盐城等地的菜肴为代表。淮扬菜在选料上十分讲究，制作精细，同样注重刀工和火候。它力求主料鲜活，一物一味，以鲜嫩、酥软、清新味美而著称。其烹调方法以炖、焖、煨、焐见长，注重保持原汁原味。同时，淮扬菜还以汤见长，汤汁或清澈见底或乳白浓厚，咸甜适中。

苏锡菜则以苏州、无锡、常州、常熟的菜肴为代表。苏锡菜中水产菜品尤为出色，口味浓淡各异，既适口又益身。它同样注重火候和调味技巧，特别是白汁和清炖的制作方法别具一格。此外，苏锡菜还善用糟制品进行调味，在烹制河鲜、湖蟹和蔬菜方面尤为擅长。

徐海菜则以徐州和连云港的菜肴为代表。连云港地区海产丰富多样，徐州地区的苔干、韭黄及山楂糕等美食名扬四海。总体来说，徐海菜口味咸鲜适度，深受食客喜爱。

苏菜名菜有“松鼠鳜鱼”“鸡汁煮干丝”“盐水鸭”“狮子头”“霸王别姬”“水晶肴肉”“无锡酱排骨”“响油鳝丝”（见图 3-9）等。

图 3-9 “响油鳝丝”

五、浙菜

浙江省盛产山珍野味。东部沿海渔场密布，水产资源丰富，佳肴独具特色。

浙菜品种丰富，菜式小巧玲珑，菜品鲜美滑嫩、脆软清爽，在中国众多的地方风味中占有重要地位。浙菜主要由杭州菜、宁波菜、绍兴菜、温州菜四种地方风味菜组成。

杭州菜是浙菜的代表，特点是清鲜爽脆、淡雅精致。宁波菜以海鲜类菜肴见长，口味鲜咸合一，讲究鲜嫩软滑，注重保持原味。绍兴菜富有江南水乡风味，讲究香酥绵糯、原汤原汁，轻油忌辣，汁浓味重。温州菜又称瓯菜，以海鲜类菜肴闻名，口味清鲜，淡而不薄。

浙菜名菜有“西湖醋鱼”“东坡肉”“叫花鸡”“荷叶粉蒸肉”“油焖春笋”“冰糖甲鱼”“清汤越鸡”“干菜焖肉”“绍兴醉鸡”“龙井虾仁”（见图 3–10）等。

浙江的名点及风味小吃主要有“虾爆鳝面”“猫耳朵”“宁波汤圆”“吴山酥油饼”“五芳斋粽子”等。

图 3–10　“龙井虾仁”

六、徽菜

徽菜又名皖菜。安徽多山，山珍野味非常丰富，为徽菜的烹调提供了特殊、丰富的原材料。

徽菜由皖南菜、皖江菜、合肥菜、淮南菜、皖北菜五种地方风味菜组成。皖南菜是徽菜的主要渊源和主体，其特点是喜用火腿佐味，以冰糖提鲜。皖江菜以烹调河鲜、家禽见长。皖北菜善用芫荽、辣椒、香料配色、佐味、增香。合肥菜善用咸货出鲜，酱料附味。淮南菜主要以豆腐菜肴为代表。

徽菜的主要风味特点是：以咸鲜为主，突出本味，讲究火功，注重食补，在烹调方法上以烧、炖、焖、蒸、熏等为主，主要菜式有宴席大菜、五簋八碟十大碗、九碗六、八碗十二盘、六大盆、大众和菜等，主要名宴有八公山豆腐宴、包公宴、洪武宴等。

徽菜中比较著名的菜肴有“火腿炖甲鱼”“臭鳜鱼”“徽州毛豆腐”“素肥肠”“八公山豆腐”“符离集烧鸡”（见图 3–11）等。风味小吃包括“蝴蝶面”“冬瓜饺”“深渡包袱”等。

七、湘菜

湘西多山，盛产山珍野味；湘北是著名的洞庭湖平原，素有“鱼米之乡”的美誉，渔业发达。因此，湘菜所用原料极为丰富。

湘菜历史悠久，早在汉朝就已经形成了菜系，烹调技艺已达到相当高的水平。西汉马王堆汉墓中出土了许多与烹饪相关的文物，记录了 100 余道名贵菜品。唐宋以后，湘菜发展迅速，形成了炖、焖、煨、烧、熘、煎、熏、腊等烹饪技术，成为我国著名的地方风味菜之一。

图 3-11 “符离集烧鸡”

湘菜由湘江流域菜、洞庭湖区菜和湘西山区菜三种地方风味菜组成。湘江流域菜以长沙菜为代表，注重鲜香、酸辣、软嫩。洞庭湖区菜以常德菜、岳阳菜、益阳菜为主，以河鲜和禽类菜肴见长，讲究芡大油厚，咸辣香软。湘西山区菜以吉首菜、怀化菜、张家界菜为主，以山珍野味及腊肉、腌肉见长，口味咸香酸辣，山乡风味浓郁。湘菜有三个特点：一是刀工精妙，形味兼美；二是善于调味，以酸辣著称；三是技法多样。

湘菜中的名菜包括“东安鸡”“永州血鸭”“五元神仙鸡”“腊味合蒸”“吉首酸肉”“油辣冬笋尖”“板栗烧菜心”等。

其著名面点小吃包括“姊妹团子”“湘潭脑髓卷”“衡阳排楼汤圆”“洞庭糯米藕饺饵”“虾饼”“双燕馄饨”“油炸臭豆腐”（见图 3-12）等。

图 3-12 “油炸臭豆腐”

八、闽菜

福建依山傍海，物产丰富，为闽菜提供了得天独厚的烹饪资源。

闽菜历史悠久，独具浓郁的南国风味。闽菜以福州菜为基础和主体，融合了闽东、闽南、闽西、闽北、莆仙五地风味菜。闽菜以善于烹制山珍海鲜著称，风味特色为清鲜、醇和、荤香、不腻。

闽菜烹调具有以下四个特征：一是刀工巧妙，寓趣于味；二是汤菜精致，变化无穷；三是调味奇特，别具一格；四是烹调细腻，雅致大方。

闽菜讲究清爽、鲜嫩、淡雅，口味偏酸甜，汤菜占据多数。闽菜喜用红色酒糟作为佐料，尤其讲究用其调汤，给人以“百汤百味”和“糟香袭鼻”的享受。

图 3-13 “淡糟香螺片”

闽菜名菜包括“鸡汤氽海蚌”“灵芝恋玉蝉”“荔枝肉”“翡翠珍珠鲍”“醉糟鸡”“龙身凤尾虾”“淡糟香螺片”（见图 3-13）等。

其著名小吃有“锅边糊”“蚝仔煎”“海蛎饼”“千页糕”“虾酥”“七星鱼丸”“扁春燕”“太极芋泥”等。

第四节　中国面点与小吃

中国面点小吃拥有悠久的历史，品种丰富多样，各具特色。从原料上来看，中国面点可以分为麦制面点、米粉面点及杂粮面点。传统上，北方以麦制面点为主，南方除麦制面点外，还有很多米粉面点。面点口味可以分为本味、咸味、甜味及复合味。至于烹饪方式，也是五花八门，包括煮、蒸、炸、煎、烤、烙、炒等，例如煮饺子、蒸包子、煎饼、烤烧饼等。

风味小吃是中国饮食文化的重要组成部分，并且已经成为中国人饮食生活中不可或缺的一环。

一、面点的含义

一般来说，面点是以粉状粮食（主要是面粉、米粉等）为原料制作而成的食品。在南方，这类食品常被称为“点心”，而在北方则被称为“面食”。它们多由手工作坊制作，通常不作为正餐，而是在早晨或夜晚食用。从供应形式看，面点也特指饮食业提供的方便食品，如早点、小吃和宴席点心等。

随着餐饮习惯的改变、原料种类的增加、机械设备的应用以及面点技术的提升，我国面点的范畴越来越广。现代的面点以粮食、果品及根茎类蔬菜等为主要原料，加入各种馅料和调味料，经过精心制作，成为色、香、味、形俱佳的美食。这些食品既包括传统饮食业供应的品种，也涵盖了糕点食品企业生产的糕点。它们既可以作为正餐，也可以作为小吃或点心。它们不仅满足人们的口腹之欲，还能给人们带来精神上的享受。

二、中国面点的历史

中国面点的历史可以追溯到新石器时代晚期，当时人们已经能够使用石磨加工面粉，制作出各种粉状食品。

在汉代，随着石磨的普及和面点制作技艺如发酵技术的提高，面点品种迅速增多，并在民间广泛流传。汉末刘熙的《释名·释饮食》记载了多种饼类的制作方法。汉代的《西京杂记》还记载了民间节日食用时令面点的习俗。

魏晋南北朝时期，面粉和米粉的加工技术更加精细，发酵方法也日益成熟，还出现了蒸笼等烹饪用具和面点成型工具。这一时期的《饼赋》提到了许多面点品种。

隋唐五代，随着中外文化交流增多，面点制作进入了繁荣时期。不少外来面点传入中国，同时中国的面点也传到了其他地方。这一时期的面点种类繁多，制作技艺精湛。

宋元时期，面点制作技艺进一步发展。此时的面点品种更加丰富多样，宋代的《梦粱录》就记载了各种包子、馒头、面条等面点。北宋东京、南宋临安、元大都等地的面点业十分繁荣，都有专业的面点铺。这些店铺生意兴隆，反映了当时人们对面点的喜爱。

明清时期，中国面点的重要品种已基本形成，各风味流派也初具规模。此时，面点原料制作更加精细，出现了许多具有地方特色的面点小吃，如北京的“豌豆黄”、山西的刀削面、山东的煎饼等。

随着历史的发展，中国面点在原料、制法和品种上不断丰富和创新，形成了琳琅满目的面点世界。

三、中国面点流派

中国面点的主要风味流派有苏式面点、京式面点、广式面点三种。

1. 苏式面点

苏式面点讲究调味，口味醇厚，色泽艳丽，略带甜意。其馅心制作重视掺冻技术（即将多种动物性原料熬制成的汤汁进行冷冻），使得馅料汁多肥嫩，口感鲜美。同时，苏式面点十分讲究形态美，例如，苏州“船点”形态多样，有飞禽、走兽、鱼虾、昆虫、瓜果、花卉等多种造型，色泽鲜艳，形象逼真，栩栩如生，被誉为精美的艺术食品。苏式面点的主要特点是：

（1）**风格多样，品种丰富**

苏式面点的风味包括苏锡风味、淮扬风味、杭州风味等，品种繁多。《随园食单》《扬州画舫录》《邗江三百吟》等古籍中均有相关记载。经过近现代名厨的传承与创新，涌现出大批知名苏式面点店铺与品种，使苏式面点在中式面点中享有盛誉。

（2）**技艺精湛，制作精细**

苏式面点大多小巧玲珑，制作精细，代表品种如小烧卖、小春卷、小酥点等。其中，苏州"船点"相传起源于苏州、无锡水乡的游船画舫之上，包括米粉点心和面粉点心两类，制作精巧，栩栩如生。其中扬州面点的精致之处体现在：面条重视制汤与浇头，馒头注重发酵，烧饼讲究用酥，包子重视馅心，糕点追求松软等。其中，馅心掺冻"灌汤"是苏式面点制馅的独特技法。

（3）**选料严谨，季节性强**

苏式面点对原料的选用极为严格，对辅料的产地和品种都有特定要求。一些名特品种还会选用具有特殊滋补作用的辅料，长期食用具有一定的保健作用。

苏式面点代表品种是"翡翠烧卖""淮安文楼汤包"以及扬州富春茶社的"三丁包子"等（见图 3–14）。

图 3–14　"三丁包子"

2. 京式面点

京式面点指黄河以北地区制作的面点，以北京面点为代表，主要以面粉为原料，具有馅料独特、工艺精美、花样繁多、品种丰富等特点。

京式面点所用面团主要有水调面团、油酥面团和膨松面团，以此为基础制作出成百上千种花样繁多的面食品种。其代表性的面食包括抻面、刀削面、拨鱼面等。

京式面点追求筋道的口感，配合各种辅料和调料，能够调制出数百种坯料。然而，在这些坯料中，面粉仍是主要成分，其他材料仅作为辅助，以此突出北方面点的独特风味。

京式面点以花样繁多著称。以烧饼为例，就包含了"马蹄烧饼""澄沙烧饼""缸炉烧饼""麻酱烧饼""油酥烧饼""吊炉烧饼""一品烧饼"等多个品种。

京式面点的馅料具有浓郁的北方特色，主要以咸鲜口味为主，同时也有甜口。在京式面点中，肉馅常采用"水打馅"工艺制作，并辅以葱、姜、黄豆酱、味精、芝麻油等调料，使得成品入口咸香松软，充满了浓郁的北方特色。而甜馅则多使用杂粮制成泥后，再加入色彩鲜艳的蜜饯进行点缀。

京式面点的代表品种主要有“一品烧饼”“清油盘丝饼”“肉末烧饼”“千层糕”“艾窝窝”“豌豆黄”“清糖饼”“混糖饼”“驴打滚”（见图 3–15）和北京都一处的烧卖、天津包子等。

京式面点的制作工艺非常讲究。抻面追求细而不断，面条细如丝线；包馅面食如饺子等讲究馅料鲜香和薄皮大馅；烤制的烧饼注重面皮与馅料的多样化搭配，饼皮要求薄如纸般。精湛的制作工艺大大提升了京式面点的整体口感。

3. 广式面点

广式面点的主要特点是用料精博，品种繁多，款式新颖，口味清新多样，制作精细，咸甜兼备，能适应四季节令和各方人士的需要。广式面点具有广博的包容性，品种异常繁多，丰富度居全国之首。其馅料的选择也非常广泛，各类食材均可入馅。同时，广式面点也融合了西点的一些技巧和特色，如选择巧克力、奶油等西点原料。

据不完全统计，广式面点的面皮有 4 大类 20 余种，馅有 3 大类 40 余种。面点师们运用高超的技艺，将这些不同的皮、馅进行千变万化的组合和造型，制作出各式各样的花式美点。

广式面点代表性名品包括“绿茵白兔饺”“煎萝卜糕”“马蹄糕”“皮蛋酥”“冰肉千层酥”“叉烧包”“酥皮莲蓉包”“芝麻包”“刺猬包”“粉果”“及第粥”“干蒸蟹黄烧卖”“鲜虾荷叶饭”（见图 3–16）等。

图 3–15 “驴打滚”

图 3–16 “鲜虾荷叶饭”

四、面塑艺术

面塑俗称“捏面人”，是我国民间传统艺术之一。它最初是为了食用，后来逐渐演变成一种独特的民间艺术形式。

1. 文化特征

面塑的特点包括颜色丰富、体积小巧、便于携带，同时，其材料价格低廉，使得制作成本相对较低。面塑作品的创作强调在较短时间内一气呵成，中间不间断。优秀面塑作品的造型生动且传神，对人物结构的把握十分准确，对面部表情的刻画更是惟妙惟肖。艺术家们能够巧妙地运用小小的面团，展现出人物形象丰富而深刻的内心世界。

2. 制作工序

面塑的主要材料包括面粉、糯米粉、明矾、食盐、色料等。此外，还会采用羊毛、羽毛、丝线、棉花等材料来制作人物的胡须、头发等细节部分。制作面塑作品时，常用的工具有剪刀、梳子、墨笔、小刀、竹针和竹签等。制作者会将面粉、糯米粉等与颜料混合，调成各种颜色的面块，然后运用捻、揉、搓、挤、压、团、挑、按、拨等技巧，再配以相关的道具，精心塑造出各种栩栩如生的形象。

3. 题材作品

面塑的题材非常广泛，其作品多取材自传统戏曲、四大名著、民间传说、神话故事，也会以儿童卡通中的人物、十二生肖和其他动植物等为原型进行创作。常见的面塑作品有嫦娥奔月、天女散花、三打白骨精、大闹天宫、霸王别姬、十二生肖、西湖借伞等主题，以及刘备、关羽、张飞、福禄寿星、八仙、嫦娥、哪吒、唐僧师徒、杨家将、水浒英雄、十二钗、白毛女、葫芦娃等形象，如图 3-17 所示。每一个题材和造型背后，都蕴含着深厚的民间审美情趣和中华优秀传统文化的智慧。

图 3-17　面塑作品

在艺术风格方面，面塑作品讲究造型完整且饱满，形态上略有夸张，手法简练且注重表现精气神。作品大多风格淳朴，色彩艳丽，非常符合群众的审美心理，因此深受大众的喜爱。这使得面塑艺术具有独特的艺术价值和人文价值。

五、中国风味小吃

本书中的小吃是饮食业中出售的年糕、粽子、元宵、油茶等食品的统称，包含部分面点。小吃的种类繁多，使用的食材包括粮食、果蔬、肉蛋奶等，口味酸甜辣俱全，既可热吃也可凉吃。经过多年的发展演变，风味小吃已经成为中国美食文化中不可或缺的一部分，各地的风味小吃也逐渐发展出了自己的地方特色。

小吃在发展到后期时，已经有了另一种含义。其制作方法变得更为复杂且做工精细，比起以充饥为主的主餐来说，做法更加烦琐。它已经演变成一种地方饮食文化的象征。小吃还具有主副食兼备、营养搭配合理、应时应季、方便食用、经济实惠以及易于贮存等诸多优点，与人们的日常生活紧密相连。

许多与小吃相关的历史故事或民间传说，都从不同角度映射出一个时代的历史风貌。

在中国的每个地区，都有其特色风味小吃，它们被视为当地的名片。特色风味小吃往往就地取材，不仅具有当地特色，而且通常能够深刻地反映出当地的物质文化和社会生活风貌。

湖南平江的风味酱干和“火焙鱼”、老北京的豆汁儿和“豌豆黄”、四川的“廖排骨”“冒菜”和“棒棒鸡”、河北的“驴肉火烧”“圣旨骨酥鱼”“大慈阁素面”、湖北的“精武鸭脖”、河南的烩面、陕西的“羊肉泡馍”、天津的“狗不理包子”、福建的“肉燕”、云南的“过桥米线”、广西的米粉、安徽的“米饺”和“贡鹅”，这些特色风味小吃是中国饮食界中一道道绚丽的风景线。

1. 北京小吃

北京小吃俗称“碰头食”，融合了汉、回、蒙、满等多民族的风味小吃以及明、清宫廷小吃，形成了品种繁多、风味独特的特色。北京小吃大约有二三百种，其中包括佐餐下酒小菜（如“白水羊头”“爆肚”“白魁烧羊肉”“芥末墩儿”等）、宴席面点（如“小窝头”“肉末烧饼”“羊眼儿包子”“五福寿桃”等），以及可作零食或早点、夜宵的多种小食品（如“艾窝窝”“驴打滚”等）。最具京味特点的小吃有豆汁儿和“灌肠”“炒肝儿”“麻豆腐”“炸酱面”等。一些老字号专营其特色品种，如仿膳饭庄的“小窝头”“肉末烧饼”“芸豆卷”“豌豆黄”（见图 3–18）、丰泽园的“银丝卷”、东来顺的“奶油炸糕”、同和居的“烤馒头”、大顺斋的“糖火烧”等。

图 3–18　“豌豆黄”

北京小吃是在特定历史文化背景下形成的文化成果。每一种小吃的制作方式和食用方式都蕴含着北京人特有的审美意趣。它既是北京都城史的活化石，又是京味儿文化的重要组成部分，同时也是老北京生活中不可或缺的一环。北京小吃不仅美味，而且从视觉上也能带给人赏心悦目的感受。

2. 天津小吃

天津小吃起源于明代，在清代逐渐成熟。其面食品种丰富多样，特色鲜明，原料丰富，广泛融合了南北各地的技艺精华，季节性特点显著，深受民俗影响，制作技艺精湛，做工精细。其代表性品种有“狗不理包子”“桂发祥麻花”“耳朵眼炸糕”“虾子

豆腐脑”“嘎巴菜”“肉火烧”“白记水饺”以及“五香驴肉”等。

3. 上海小吃

上海小吃的历史可以追溯到鸦片战争前后。上海小吃主要包括城隍庙小吃、高桥点心及葛派点心等，种类繁多，工艺精美。知名的上海小吃有“南翔小笼”（见图 3–19）“小绍兴鸡粥”“排骨年糕”“一捏酥”“鲜肉月饼”“高桥松饼”“三丝眉毛酥”“桂花拉糕”“鸽蛋圆子”等。

图 3–19 “南翔小笼”

4. 江苏小吃

江苏小吃具有古色古香的格调。其馥郁的乡土韵味，散发着浓厚的生活气息。

江苏小吃的特点是，饼糕并重，讲究利用食材的天然色香，选料讲究，可滋补强身，应时点心的时令性强。

江苏的特色小吃包括“如皋烧饼”“南通油饼”“丁普照蟹黄包”“草炉烧饼”“蟹黄汤包”“锅盖面”“徐州烙馍”“八股油条”“徐州辣汤”“扬州炒饭”“三丁包子”“双麻酥饼”“翡翠烧卖”“酒酿饼”“枫镇大面”“鸭血粉丝汤”等。

5. 山东小吃

山东小吃起源于汉代，当时已有烧饼的制作。至唐宋以后，山东小吃的制作技艺进一步发展，到明清时期形成了完整的体系。

山东的小吃包含民间小吃、市肆小吃、宴席小吃三大类别。其特点主要表现为：多源于民间，与当地习俗、物产紧密关联；制作技法多样，品种齐全，物美价廉，在城乡随处可见。山东小吃代表品种有“福山大面”“蓬莱小面”“蛋酥炒面”“周村烧饼”“杠子头火烧”“潍坊朝天锅”“单县羊肉汤”“临沂糁”等。

6. 广东小吃

广东小吃的风味隶属岭南风味。广东小吃多数来源于民间，并经过时间的沉淀成为传统名食。现代的广东小吃与点心有所不同。其小吃特指街边小店经营的米、面类小型食品，制作相对简单；点心则指茶楼等场合提供的花样繁多的品种，其特点在于花式品种多样，造型精致。

广东小吃的烹饪方法主要为蒸、煎、煮、炸四种，制品可分为六大类：

（1）油品，即油炸小吃，以米、面和杂粮为原料，各有独特风味。

（2）糕品，以米、面为主，杂粮为辅，都是通过蒸煮制成，可分为发酵的和不发酵的两类。

（3）粉、面食品，主要以米、面为原料，大多数是煮熟的。

（4）粥品，种类繁多，其名称多根据用料而定，也有以粥的风味特色来命名的。

（5）甜品，指各种甜味小吃，不包括面点、糕团。其用料除了蛋、奶以外，多为植物的根、茎、梗、花、果、仁等。

（6）杂食，指不属于上述各类的小吃，因用料广泛而得名，以价格低廉、风味多样而著称。

广东小吃的代表品种包括“酥皮莲蓉包”“娥姐粉果”“马蹄糕”“伦教糕”“蜂巢芋角”“蟹黄灌汤饺”“干蒸烧卖”“沙河粉”“荷叶饭”“艇仔粥”“薄皮鲜虾饺”（见图 3-20）等。

图 3-20　“薄皮鲜虾饺”

7. 四川小吃

四川小吃历史悠久、品种繁多，富有浓郁的地方特色。它与川菜一样，在我国烹饪技术遗产的宝库中占有相当重要的地位。四川小吃深受人们喜爱，这由其自身特点所决定。

四川小吃有几大特点。一是风味突出。它同川菜一样，不仅选用多种调味品，而且十分讲究调味的技巧，形成了多种风格。二是善于用汤。成都风味小吃中用的汤，是用多种原料和调料精心熬制的，汤浓味美。三是注重质量。无论哪种小吃，都特别讲究原材料和调味料的质量。四是顺应时令翻新花样。随着一年四季的变化，选用应时原料制成风味小吃，不断变化翻新，应时应景。此外，四川小吃经济实惠，也是其受到人们普遍欢迎的一个重要原因。

四川小吃中较为著名的有“赖汤圆”“龙抄手”“钟水饺”“担担面”“三大炮”等。

8. 山西小吃

山西小吃起源于汉唐，兴于宋元，至明清时期发展更为迅速。山西被誉为“面食之乡”，其小吃也以面食为主，品种繁多，花样丰富。

山西小吃注重色、味、质感，既好看又好吃，做工精细。传统品种主要有“金丝一窝酥”“闻喜煮饼”“天花鸡丝卷”“荞面灌肠”“太谷饼”“莜面鱼鱼”“莜面栲栳栳”“大头麻叶”等。

山西面食是山西小吃的精华，其代表品种包括“流尖菜饭”“莜面饺子”“昔阳头脑扁食”“揪片”“大同刀削面”等。

第五节　中国肴馔的美化

烹饪是艺术，是人类制作和享受食物的艺术。肴馔之美，是中国烹饪艺术的核心组成部分。中国美食不仅是味觉的盛宴，更是文化的传承与展现，例如，许多菜肴都蕴含着积极向上、祝福、祝愿的寓意。

以“糖醋鲤鱼”为例，鱼盛盘中，头尾翘起，宛若年画中的“胖娃娃抱大鲤鱼”。食客不仅能体验到味觉的愉悦，还能从其独特的造型中得到视觉的享受，整道菜肴引发人们美好的联想。因此，技艺高超的厨师常被赞誉为烹饪艺术大师。

历经历代厨师的不断实践，中国肴馔已形成了多样化且精彩纷呈的美化手法。总的来说，中国肴馔的美化手段主要体现在以下几个方面。

一、菜肴命名艺术

菜肴命名艺术是中国饮食文化独特而精妙的体现。从“松鼠鳜鱼”到“佛跳墙”，每一个菜名都蕴含着丰富的寓意和故事，不仅展示了食材的特性，更融入了文化和艺术的精髓，让人在品尝美味的同时，也能感受到中华饮食文化的深厚底蕴。

1. 中国菜肴命名的一般特点

（1）名副其实，反映菜品的主要特点。

（2）突出地域特色和民族文化。

（3）含蓄与直白兼顾，既言简意赅，又耐人寻味。

（4）巧妙运用修辞手法，以增强美感。

（5）音韵和谐，便于记忆与传播。

（6）文字简短明了。

2. 中国菜肴命名的一般方法

写实性命名主要是根据菜肴的原料、烹调方法以及色、香、味、形等特征来命名，或者在菜名中注明创始人及发源地，使人一看菜名便能了解菜肴的大致情况和特点。

（1）以主料结合烹调方法来命名，如“烤鸭”“爆腰花”“清蒸鲥鱼”“烧海参”等。

（2）以主料结合辅料来命名，如“香菇菜心”“面包虾仁”“火腿蚕豆”等。

（3）以主料结合调味品或味型来命名，如“鱼香肉丝”“糖醋里脊”“茄汁鱼片”“酸辣土豆丝”等。

（4）以主辅料结合烹调方法来命名，如“青椒炒肉丝”“葱烧鲫鱼”等。

（5）以主料结合菜肴的形状、颜色来命名，如“芙蓉鱼片”“葫芦鸭”“蝴蝶海参”“金钱牛肉”等。

（6）以主料结合发源地或创始人来命名，如“东坡肉”“麻婆豆腐”“北京烤鸭”“西湖醋鱼”等。

（7）以主料结合器皿来命名，如“砂锅鱼头豆腐”“汽锅鸡”“铁板肉片”等。

（8）以原料的某一特征结合烹调方法来命名，如“糟熘三白”“炒三丁”“爆炒菊花胗”等。

3. 寓意命名法

（1）表达吉祥祝愿的菜名，如“全家福”（大烩菜）、“鱼跃龙门”（炸熘鲤鱼）、“龙凤呈祥”（鸡球炒明虾球）、“松鹤延年”（象形冷拼）、“孔雀开屏”（象形冷拼）。

（2）具有象形意义的菜名，如“葡萄鱼”“菊花鱼”等。

（3）蕴含历史典故或传说的菜名，如“佛跳墙”“桃园三结义”等。

（4）赋予原料美好名称的菜名，如“银芽鸡丝”（银芽指绿豆芽）、“金钩西芹”（金钩指海米）。

二、美食与美器的配合

中国饮食文化讲究美食与美器的配合，认为美食佳肴需用精致的餐具烘托，方能达到完美效果。美器之美不仅体现在器物本身的质地、形状、纹饰等方面，还体现在其组合之美以及与菜肴的匹配之美。

1. 根据菜肴的造型选择搭配器具

中国菜肴造型千变万化，美不胜收。为突显菜肴的造型美，必须选择适当的器具与之搭配。通常，大型器具体现气势与容量，小型器具体现精致与灵巧。在选择盛具时，尤其是在展示台和大型高级宴会上使用时，应使其大小与想表达的内涵相结合。

例如，山水风景造型的花色冷盘和工艺热菜，都适宜选用大型器具，以提供足够的空间来充分展现“风景”和造型的气势；对于花色小冷碟等菜肴，则宜选用小巧精致的器具，以充分展现厨师高超的刀工与精巧的艺术构思。图 3-21 所示为“荷花酥”的盛具。

图 3-21 “荷花酥”的盛具

2. 盛具的规格与菜肴的分量相适应

菜肴分量多时，应选用较大的盛具；分量少时，则选用较小的盛具。若将分量少的菜肴装在大盘（大碗）内，会显得分量不足；而将分量多的菜肴装在小盘（小碗）内，则会显得过满，甚至汤汁溢出，不仅给人臃肿之感，还会影响卫生。通常，装盘时菜肴不应装到盘边，而应装在盘内适当位置；装碗时菜肴应占碗容积的 80%~90%，汤汁不应满至碗沿。

3. 盛具的品种与菜肴的品种相配合

盛具品种繁多，各有其用途，必须恰当使用。若随意使用，不仅影响美观，还会给装盘和食用带来不便。例如：一般炒菜、爆菜宜用圆盘或腰盘；整条鱼宜用腰盘；烩菜及一些带汤汁的菜，如煮干丝等宜用汤盘；汤菜必须用汤碗；炖、焖菜品最好用炖盅等。

4. 盛具的色彩与菜肴的色彩相协调

盛具色彩若与菜肴色彩搭配得当，便能更鲜明地衬托出菜肴的色彩美。一般洁白的盛具适用于大多数菜肴，有些菜肴如用带有彩色图案的盛具盛装，则更能突显菜肴的色泽特点。例如，白色菜肴装在白色盘中会显得单调，但若装在带有淡绿色或淡红色花边的盘中，便会显得更为醒目悦人。

5. 盛具的档次与菜肴的档次相匹配

盛具与菜肴的档次一方面取决于材料本身的贵贱，另一方面也取决于加工的精致程度。例如，用高档的金质器具盛放普通的炒肉丝，或将制作精细且材料昂贵的“月宫鲍鱼”盛放在普通盛具内都会显得不相称。因此，盛具与菜肴的档次应相匹配。

三、美食与美景的配合

中国饮食文化认为，只有在优美的环境中品尝美食，人们才能得到更好的美感享受。

1. 就餐环境与美食的配合

就餐环境主要涉及餐饮店的地理位置、餐厅装潢以及房间设施等要素。众多餐饮企业都格外重视餐厅位置的选择和内部装修。适宜的就餐环境能够为食客创造良好的就餐氛围，让他们在品尝美食的同时获得美的享受。

餐厅的装修讲究与其自身的特色、经营风格和目标客户相匹配。将美食置于与其特点相符合的环境中，才能使就餐者真正领略到美食的独特风味。

2. 就餐者心情与美食的配合

当就餐者带着轻松、愉悦的心情用餐时，食物会显得格外美味，其香味沁人心脾。相反，如果带着郁闷、压抑的心情用餐，即使面对再美味的食物也会感觉索然无味。因此，引导和调节就餐者的心情显得尤为重要。中餐厅的经营者大多重视充分利用餐厅的各种条件，通过视觉、听觉和嗅觉等多种手段来激发和调动就餐者的食欲，将他们的注意力集中在美食的嗅觉和味觉体验上，使其能够尽情享受美食。

3. 就餐情景与美食的配合

就餐情景指的是就餐者与其他就餐者之间，以及就餐者与服务员之间所形成的暂时性人际关系和氛围。俗话说："酒逢知己千杯少，话不投机半句多。"这恰恰说明了一个道理：和谐的人际关系会让人食欲大增、畅饮无忧，而尴尬的人际关系则会让人味同嚼蜡、举杯维艰。在品尝美食的过程中，如果没有一个和谐、融洽的人际环境，自然无法获得最佳的美食体验。

四、美食与盘饰的配合

盘饰即人们常说的菜点围边，是中国菜的传统特色之一。它是点缀、美化菜点的一种方式。盘饰融合了饮食与审美，让食客在享用美食的过程中同时受到艺术的熏陶。

1. 盘饰的特点

（1）原料来源广泛，成本费用低廉，同时还兼具调味品的功能。盘饰所使用的原料通常根据不同季节选用应时的常见果蔬或调味品，如胡萝卜、咸菜、辣椒油等，既适合观赏也可食用。虽然成本不高，但效果却非常显著。

（2）制作工艺不复杂，操作简单快捷。一般来说，平面盘饰的技法很容易掌握，稍加学习即可上手。人们能在短时间内将果蔬转化为具有欣赏价值的装饰品，省时且美化效果显著。

（3）应用广泛，实用价值高。盘饰适用于各种消费层次和各类风格的菜点，既可在已装有菜肴的实盘上添加，也可在空盘上预先制作。

2. 盘饰的作用

（1）装饰作用

首先是形状上的装饰，盘饰可以将菜肴装点得美观且有条理。有些菜肴的形状可能显得不整齐或不规则，给人一种凌乱的感觉，但围上盘饰后，会显得整齐和生动。其次，在色彩上，有些食材本身的颜色可能较为暗淡或单一，如果能巧妙地运用盘饰技术进行美化和装饰，就能达到意想不到的效果。

（2）补充作用

1）色彩和造型的补充。有些菜肴从主料到辅料的色彩都不够鲜亮，此时可以用色彩鲜艳的原料制作盘饰，以烘托菜肴的色彩。有些菜肴在造型上可能显得平淡无奇，这时可以通过放置立体雕刻作品来进行装饰，从而增强菜肴的层次感。

2）食用和口味的补充。盘饰能使整个菜肴呈现出多种风味。另外，对于一些数量不多或价格较高的菜肴，使用盘饰技术可以使菜肴看起来更加丰盛，同时不降低其档次。

思考题

1. 中国菜点的特点有哪些？
2. 中国肴馔制作技艺中的刀工主要有哪些？
3. 淮扬菜的特点是什么？
4. 粤菜的风味特色是什么？
5. 苏式面点的特点是什么？
6. 中国菜肴命名艺术有哪些体现？

第四章 中国茶文化

学习目标

1. 认识茶文化在中国传统文化中的地位和意义。
2. 了解中国茶的起源和发展概况。
3. 了解中国茶的种类及特点。

第一节　中国茶的历史与茶文化的内涵

中国是茶的原产地，也是最早发现、栽培茶树和加工利用茶叶的国家。茶从神农氏时期被发现具有药物作用，到今天成为世界性的饮品，经历了一个漫长的发展过程。我国先民们凭借勤劳和智慧，在长期的生产与生活实践中，积累了丰富的种茶与制茶经验，并培育出了众多的茶种，其中名茶品种就多达数百种。如今，茶已成为我国人民日常生活中重要的饮品。

一、中国茶的历史

我国有着悠久的制茶、饮茶历史，并对世界茶文化有着深远的影响。

1. 中国茶的起源与发展

中国人饮茶的习俗始于何时，众说纷纭。但大体上可以说始于汉代，而盛行于唐代。

唐代陆羽的《茶经》记载："茶之为饮，发乎神农氏，闻于鲁周公。齐有晏婴，汉有扬雄、司马相如，吴有韦曜，晋有刘琨、张载远、祖纳、谢安、左思之徒，皆饮焉。"当然，这样的说法不一定有确凿的证据。在中国的文化发展史上，往往把与农业、植物相关的事物起源归结于神农氏。

根据晋代常璩《华阳国志》的记载，在周武王伐纣时期，巴国就已经以茶与其他珍贵物品向周武王进贡了。《华阳国志》还记载，那时已有了人工栽培的茶园。

在汉朝时期，茶叶已经成为佛教徒"坐禅"时的专用滋补饮品。西汉王褒的《僮约》记载了“烹茶尽具”和“武阳买茶”，经考证该“茶”即今“茶”。长沙马王堆汉墓中的考古发现表明，当时湖南地区饮茶已相当普遍。

自汉代以后，关于饮茶的记载开始逐渐增多。据史料记载，三国时期吴国的孙皓在宴请群臣时，常以七升为限饮酒，而韦曜酒量不佳，孙皓便减其酒量，或赐茶以代酒。这表明在三国时期，茶可能已经成为招待宾客的饮品。

在魏晋南北朝时期，饮茶之风已经兴起。到了唐朝，茶业昌盛，茶叶成为百姓日常生活中不可缺少的物品，茶馆、茶宴、茶会等应运而生，人们提倡客人来访时以茶相待。在宋朝时期流行斗茶、贡茶和赐茶等习俗。

清朝时期曲艺表演进入茶馆，茶叶的对外贸易也得到了发展。

2.“茶”的字形

在古代史料中，茶的名称很多。在中唐之前，“茶”字一般写作“茶”。当时的“茶”字具有一字多义的特点，表示茶叶只是其含义之一。随着茶叶生产的发展和饮茶的普及，“茶”字的使用频率越来越高。为了更清晰地表达茶的意义，民间书写者逐渐将“茶”字简化，形成了现在人们所见的“茶”字。到了中唐时期，茶的音、形、义逐渐统一。后来陆羽的《茶经》广泛流传，进一步确立了“茶”的字形，并沿用至今。

3. 茶的传播

中国的茶在西汉时期就已传至国外。汉武帝曾派遣使者前往海外，所携物品中，茶叶也是其中之一。唐代时，来华的日本人将中国的茶籽带回了日本。此后，茶叶不断从中国传向世界各地，许多国家开始种植茶叶，并养成了饮茶的习惯。图 4–1 所示为中国的一株古茶树。

图 4–1　古茶树

二、中国茶文化代表人物

许多历史名人与茶有着不解之缘，其中，陆羽、卢仝等是中国茶文化的代表人物。

1. 陆羽

陆羽是唐朝的茶学家。他一生热爱茶，对茶道有深入研究。陆羽撰写了《茶经》(见图 4-2)，对茶树的产地、形态、生长环境以及采茶、制茶、饮茶的工具和方法等进行了系统的总结。此书对中国茶文化的发展产生了深远影响。这本书也是世界上第一部茶叶专著。陆羽也被后人尊称为“茶圣”。

图 4-2 《茶经》

知识拓展

陆羽泉

陆羽泉位于江西上饶。陆羽曾在上饶隐居，他在当地凿井，开辟茶园。后人为纪念陆羽对茶文化的贡献，便把开井之处命名为“陆羽泉”，也有称“陆子泉”的。陆羽泉在历史上是上饶的著名胜迹，有许多文人为之撰写过诗文。

2. 卢仝

卢仝是唐代诗人。他在年轻时隐居在河南少室山，日常以饮茶作诗为乐。卢仝写过一首古诗《走笔谢孟谏议寄新茶》，其中有一段详细描写了饮茶的感受。

一碗喉吻润，两碗破孤闷。
三碗搜枯肠，唯有文字五千卷。
四碗发轻汗，平生不平事，尽向毛孔散。
五碗肌骨清，六碗通仙灵。
七碗吃不得也，唯觉两腋习习清风生。

人们将这一段称为《七碗茶歌》(或《七碗茶诗》)，它对中国茶文化乃至日本茶道产生了深刻的影响，卢仝也被后人誉为“茶仙”。

三、中国茶文化的内涵

中国是茶的故乡，也是茶文化的发源地。中国茶文化历史悠久，文化底蕴深厚。

中国的茶文化涵盖了茶叶品评、烹茶方法鉴赏以及品茗环境的感受等整个品茶过程，体现了形式与意蕴的统一，是饮茶过程中形成的文化现象。茶文化包括选茗、择水、烹茶、选择茶具、环境创设等一系列内容。

茶文化是中国文化的一种具体展现，它将沏茶、赏茶、闻茶、饮茶、品茶等与中国的文化内涵和礼仪相结合，形成了一种具有鲜明中国文化特征的文化现象，也可以说是一种礼仪表现。

种植茶叶和饮茶并不等同于拥有茶文化，它们仅是茶文化形成的前提条件。茶文化的形成还必须有文人的参与和文化的积淀。唐代陆羽所著的《茶经》系统地总结了唐代及唐代以前茶叶生产、饮用的经验，并提出了“精行俭德”的茶道精神。陆羽等文人重视茶的精神享受，他们讲究饮茶用具、饮茶用水和煮茶艺术，并与各种哲学思想相融合。在一些士大夫和文人雅士的饮茶过程中，还创作了许多茶诗。

中国人饮茶时，非常注重“品”字。每当有客人来访，沏茶、敬茶的礼仪是必不可少的。在用茶款待客人时，要对茶叶进行适当的调配。主人在陪同客人饮茶时，要留意客人杯中、壶中的茶水剩余量。一般来说，如果用茶杯泡茶，当茶水喝去一半时，就应及时添加开水，以保持适宜的水温。在饮茶过程中，也可以适当搭配一些茶点、糖果或菜肴等，以调节口味。

历史上的中国茶文化注重文化意识形态的表达，以雅致为主，着重表现诗词书画、品茗歌舞等元素。在中国茶文化的形成和发展过程中，融入了儒家思想、道家和佛教的哲学理念，并逐渐演变成各民族的礼俗，成为优秀传统文化的重要组成部分和独具特色的文化表现形式。

随着时代的发展，茶文化被注入了新的内涵和活力。当前，茶文化融合了现代科学技术、现代新闻媒体和市场经济等要素，这使得茶文化的价值功能更加凸显。

知识拓展

茶马古道

茶马古道是历史上中原和边疆地区进行茶马互市时所形成的商路。历史上进行过茶马交易的地方遍布中国西北、西南地区以及晋北、辽东等地。西北部的茶马交易道路与古代丝绸之路相融合。

历史上较为有名的茶马古道有两条，即滇藏茶马古道和川藏茶马古道。滇藏茶马古道南起普洱茶产地中的云南西双版纳、思茅等地，经由大理、丽江、迪庆、昌都、林芝等地，最终到达拉萨。川藏茶马古道则东起四川雅安，经由甘孜、昌都、林芝等地，同样到达拉萨。

如今，在青藏高原地区，现代化的交通运输方式已经取代了古老的长途马帮运输。许多偏远的村庄也修建了公路。马帮运输现在主要作为公路运输的补充，用于乡村间的短途货运。值得一提的是，许多公路实际上是在昔日的茶马古道基础上修建的，这使得茶马古道成为历史的见证。

名茶、名山、名水、名人、名胜等元素共同孕育出各具特色的地域茶文化。中国地域辽阔，茶叶品种繁多，饮茶习俗各异。加上各地历史、文化、生活及经济的差异，便形成了各具地方特色的茶文化。一些经济和文化中心城市，也形成了独具特色的都市茶文化。

茶文化的社会功能主要体现在弘扬茶德、传播茶道、推动文化艺术发展、修身养性、陶冶情操以及促进民族团结和经济贸易发展等方面。

茶文化所蕴含的传统美德主要包括热爱祖国、无私奉献、坚韧不拔、谦虚礼貌、勤奋节俭以及相敬互让等。以茶待客、以茶代酒，“清茶一杯也醉人”，这正是中华民族珍惜劳动成果、勤奋节俭的真实写照。

中国茶文化对世界产生了显著的影响。以茶会友是茶文化重要的社会功能之一。茶文化既是一种高雅文化，受到社会名流和知名人士的青睐，又是一种大众文化，吸引了民众的广泛参与。

第二节　中国茶的种类

一、中国主要茶叶品种与特点

我国的茶叶可分为绿茶、红茶、黑茶、乌龙茶、黄茶、白茶和再加工茶七大类。

1. 绿茶

绿茶是中国产量最多的一类茶叶，属于不发酵茶。其制作工艺是将鲜茶叶摊晾后，进行杀青处理，从而保持其鲜绿的特点。

绿茶具有香气悠长、味道醇厚、形态优美等特性。其制作过程通常包括摊放、杀青、做形和干燥等环节。部分绿茶不经过揉捻，外形扁平，如著名的西湖龙井。

根据杀青和干燥方式不同，绿茶可进一步细分为炒青绿茶（如西湖龙井、蒙顶甘露）、烘青绿茶（如黄山毛峰、六安瓜片）、蒸青绿茶（如恩施玉露）以及晒青绿茶（如滇绿）。中国绿茶的种类极为丰富，在全球位居首位。

我国很多地方都有自己的绿茶特产，如苏州碧螺春茶、信阳毛尖、杭州西湖龙井茶、黄山毛峰、都匀毛尖、六安瓜片、庐山云雾茶、四川蒙顶甘露茶等。

2. 红茶

红茶是一种全发酵茶（发酵程度大于 80%）。红茶的名字得自其发红的汤色。

红茶与绿茶的区别在于加工方法的不同。红茶加工时不经杀青，而是进行萎凋，使鲜叶失去一部分水分，再揉捻（揉搓成条或切成颗粒），然后发酵，使其所含的茶多酚变成红色的化合物。这种化合物一部分溶于水，一部分不溶于水而积累在叶片中，从而形成红汤、红叶。

红茶主要分为小种红茶（如正山小种、外山小种）、工夫红茶（如祁红）和红碎茶三大类。工夫红茶是中国特有的红茶品种。

中国红茶品种繁多，部分知名品种见表 4–1。

表 4–1　部分知名中国红茶品种

红茶种类	产　地
祁红	安徽祁门、东至及江西浮梁等地
滇红	云南临沧、勐海、凤庆等地
霍红	安徽六安、霍山等地
宜红	湖北宜昌、恩施等地
越红	浙江绍兴
川红	四川宜宾
英红	广东英德等地

其中，祁红（祁门红茶）的知名度最高。

全球红茶品种众多，产地广泛，不仅中国有，印度、斯里兰卡也有类似的红碎茶生产。世界四大高香红茶包括祁门红茶、阿萨姆红茶、大吉岭红茶和锡兰红茶。

3. 黑茶

黑茶因成品茶的外观呈黑色而得名。黑茶是后发酵茶，主产区为广西、四川、云南、湖北、湖南、陕西等地。传统黑茶采用的原料黑毛茶成熟度较高，是压制紧压茶的主要原料。

黑茶包括湖南黑茶、湖北老青茶、广西六堡茶、四川边茶、云南普洱茶以及陕西茯茶等品种。

普洱茶主要分为两种：一种是生茶，是以云南特有的大叶种晒青毛茶为原料，经蒸压及自然干燥后，贮放一定时间形成的特色茶；另一种是熟茶，是经过微生物发酵形成的。

黑茶具有降脂、减肥和降血压的功效，在东南亚和日本很受欢迎，被称为“减肥茶”“瘦身茶”。

4. 乌龙茶

乌龙茶又称青茶，是一种介于红茶和绿茶之间的半发酵茶。其制作过程中会进行适当的发酵。

乌龙茶的特点在于其叶片中间为绿色，而叶缘则呈红色，这就是人们常说的“绿叶红镶边”。乌龙茶的工艺十分复杂且制作费时，尤其是做青这一工序，对乌龙茶品质至关重要。品饮乌龙茶也颇有讲究，因此喝乌龙茶也常被称为喝工夫茶。

乌龙茶主要产于福建、广东等地，并且通常以产地的茶树来命名，如铁观音、大红袍等。

乌龙茶具有红茶的醇厚口感，同时，它也拥有绿茶的清爽，但没有绿茶常有的涩味。乌龙茶的香气浓烈且持久，饮用后口中留香。此外，它还具有提神、消食、止痢、解暑、醒酒以及减肥等多种功效。

5. 黄茶

黄茶是我国特产，属轻发酵茶。在制作黄茶过程中，经过闷黄，形成黄叶、黄汤。黄茶的分类见表 4–2。

表 4–2　黄茶的分类

类　别	茶叶名称	产　地
黄芽茶	君山银针	湖南岳阳
	蒙顶黄芽	四川雅安
	霍山黄芽	安徽霍山
黄小茶	北港毛尖	湖南岳阳
	沩山毛尖	湖南宁乡
	平阳黄汤	浙江平阳
	鹿苑毛尖	湖北远安
黄大茶	大叶青茶	广东
	霍山黄大茶	安徽霍山

黄茶的制法类似绿茶，但中间多了闷黄工序，这是黄茶制法的主要特点，也是它与绿茶的基本区别。

6. 白茶

白茶是中国的特产，通过萎凋、干燥制成。白茶的外形、香气和滋味都非常好。加工白茶时不炒不揉，只将细嫩、叶背布满茸毛的茶叶晒干或用文火烘干，使白色茸毛完整地保留下来。白茶是一种轻微发酵、不经揉捻的茶，具有天然香味。

白茶分为白芽茶和白叶茶两类。白茶主要产于福建的福鼎、政和、松溪和建阳等地，有“白毫银针”“白牡丹”“贡眉”“寿眉”等品种。其中以白毫银针最为名贵，其特点是遍披白色茸毛并带银色光泽，汤色略黄而滋味甜醇。

7. 再加工茶

再加工茶是将各种毛茶或精制茶再加工制成的茶，包括花茶、紧压茶、萃取茶、香味茶、果味茶、药茶及含茶饮料等。

（1）花茶

花茶又称香片，利用茶叶易于吸收异味的特点制作而成。制作过程中，将有香味的鲜花与新茶一同放置，让茶叶充分吸收花香，之后再将干花筛除。所制成的花茶香味浓郁，茶汤色深，深受口味偏重的中国北方人喜爱。

花茶主要以绿茶、红茶或乌龙茶作为茶坯，再配以能释放香味的鲜花，通过窨制工艺制作而成。常用的香花包括茉莉花、桂花、珠兰花、玫瑰花、柚子花等。各类花茶中，茉莉花茶的产量最大。

花茶主要产地有福建、江苏、浙江、安徽和四川。其中，苏州茉莉花茶和福建茉莉花茶都是花茶中的名品。前者茶汤甘醇，花香淡雅；后者则茶香醇厚，香味浓烈，茶汤呈黄绿色且香味持久。

（2）药茶

药茶将药物与茶叶相结合，旨在发挥和加强药物的功效。这种结合还有助于药物成分的溶解，并能增加香气、调和药味。这类茶的种类繁多，如“午时茶”“姜茶散”“益寿茶”“减肥茶”等。

（3）紧压茶

根据原料茶类不同，紧压茶可分为紧压绿茶、紧压红茶、紧压黑茶、紧压白茶和紧压乌龙茶等。成品茶形状多样，以方形砖茶最为常见。

二、中国名茶

中国名茶是各种茶叶中的珍品，是中国茶叶品质与生产工艺的代表，体现了中国独特的茶文化魅力。

1. 名茶的特点

（1）名茶需具备独特风格

这种独特风格主要体现在茶叶的色泽、香气、口感和形状四个方面。例如，杭州的西湖龙井茶以“色翠、香浓、味醇、形美”四大特点闻名于世。另外，岳阳的君山银针芽头肥壮，茸毫尽显，色泽鲜亮。冲泡时，芽尖直挺竖立，犹如雀舌含珠，上下沉浮，堪称奇景。

（2）名茶应具备商品属性

作为一种商品，名茶不仅要保证一定的产销量，更要追求高品质，在市场中赢得良好口碑。

（3）名茶需要得到社会广泛认可

名茶的地位并非由个人赋予，而是经过人们多年的品鉴和评价，最终得到社会的广泛承认。

（4）名茶往往蕴含着深厚的文化背景

许多名茶有着悠久的历史，或与历史文化名人有着渊源，或有着动人的传说，能够展现中国传统文化的独特魅力。

2. 代表名茶

我国的名茶很多，也有不同版本的“中国十大名茶”，在此对其中具有代表性的名茶作简要介绍。

（1）西湖龙井茶

西湖龙井茶（见图4-3）属于绿茶，产于浙江省杭州市西湖龙井村周围的群山之中，并因此得名。西湖龙井茶根据外形和品质共分8级。

图4-3　西湖龙井茶

特级西湖龙井茶扁平光滑，挺直如针，色泽嫩绿且光润，散发出鲜嫩清高的香气，口感鲜爽甘醇，叶底细嫩且呈朵状。清明节前采摘制作的龙井茶，被简称为明前龙井。

从历史渊源来看，陆羽在《茶经》中曾记录了杭州天竺、灵隐二寺产茶的情况。

北宋时期，龙井茶产区就已初具规模。宋代苏轼经常在此品茶吟诗，并亲手题写“老龙井”等匾额。

元代时，龙井茶的品质得到了进一步的提升。

明代，西湖龙井茶的名声逐渐传播开来。它开始走出寺院，成为寻常百姓的饮品。明代的史料中有许多关于龙井茶的记载，都表明了它的珍贵和受欢迎程度。此时的西湖龙井茶已被列为中国名茶之一。

清代乾隆皇帝曾亲临西湖龙井茶产区，观看茶叶的采摘与制作，品茶并赋诗赞美。他还将胡公庙前的十八棵茶树册封为“御茶”，使得西湖龙井茶的声名更加远扬。

民国时期，西湖龙井茶已经成为中国名茶之首。

中华人民共和国成立后，国家大力扶持龙井茶的发展，并将其列为国家外交礼品茶。

（2）碧螺春茶

碧螺春茶（见图4-4）属于绿茶类，主产于江苏苏州太湖的洞庭山，因此也被称为“洞庭碧螺春”。碧螺春茶的历史可以追溯到明代，俗名“吓煞人香”。据说，清代康熙皇帝品尝了这种汤色碧绿、卷曲如螺的名茶后，大为赞赏，赐名为“碧螺春”。也有人认为，碧螺春茶之所以得名，是因为其形状卷曲如螺，色泽碧绿，且采制于早春时节。

洞庭碧螺春茶产区是我国著名的茶果间作区，茶树与果树相间。这种独特的种植方式，使得碧螺春茶具有了天然的茶香和果味，品质卓越。

碧螺春茶条索纤细，呈现出嫩绿的颜色并隐隐露出翠绿的光泽。它香气清幽雅致，口感鲜爽并能刺激唾液分泌。冲泡后的茶汤清澈碧绿，饮用后口中留有甘甜的余味。

（3）黄山毛峰

黄山毛峰（见图 4–5）属于绿茶，产于安徽省黄山一带，因此也被称为徽茶。该茶创制于清代光绪年间。

每年清明、谷雨时节，茶农会选摘良种茶树的初展肥壮嫩芽，手工炒制。黄山毛峰的外形微卷，形状像雀舌，颜色绿中泛黄，表面覆盖着银毫，并带有金黄色的鱼叶（俗称黄金片）。冲泡时，杯中雾气缭绕，茶汤清碧微黄，口感醇甘，香气如兰，回味无穷。因其新制的茶叶身披白毫，芽尖锋芒毕露，且鲜叶采自黄山的高峰，故得名黄山毛峰。

图 4–4　碧螺春茶

图 4–5　黄山毛峰

（4）铁观音

铁观音（见图 4–6）由福建安溪茶农于 1730 年前后创制，是乌龙茶的代表。

铁观音冲泡后有天然的兰花香，滋味醇浓，香气馥郁持久，有“七泡有余香”之誉。它不仅具有一般茶叶的保健功能，还有抗衰老、抗动脉硬化、防治糖尿病、辅助减肥、防治龋齿、清热降火以及醒酒等功效。

（5）君山银针

君山银针（见图 4–7）产于湖南岳阳洞庭湖中的君山。其形细如针，故得名君山银针，属于黄茶类。此茶成品芽头茁壮，长短大小均匀，内里呈金黄色，外层白毫显露且完整，外形酷似银针，因而被雅称为“金镶玉”。

君山茶的历史相当悠久，早在唐代就已开始生产并享有盛名。据传，文成公主出嫁时，特意选择了君山银针带入吐蕃。

清代，君山茶进一步细分为“尖茶”和“茸茶”两种。其中，“尖茶”形态如剑，被选为贡品，素有“贡尖”之称。

君山银针的特色在于香气清高，味道醇厚且甘爽，茶汤黄澄透亮。其芽叶壮硕、多毫，条形整齐划一，白毫宛如羽毛，芽身金黄并闪耀着光泽。其叶底肥厚、均匀且有光泽，口感甘醇甜爽。即便长时间放置，其味道也持久不变。冲泡后，茶叶的芽会竖立于汤中，随后浮至水面，再缓缓下沉。这一过程会反复进行，茶叶三起三落，极富观赏性。

君山银针的采摘与制作有非常严格的要求。每年只能在清明节前后的 7 天到 10 天内进行采摘，且只选取春茶的首轮嫩芽。制作此茶需经过杀青、摊晾、初烘、初包、再摊晾、复烘、复包、焙干八道工序。

图 4-6　铁观音

图 4-7　君山银针

（6）**大红袍**

武夷岩茶是中国传统名茶，属乌龙茶，产于福建武夷山一带，其茶树生长在岩缝之中。大红袍（见图 4-8）则是福建武夷岩茶中的名贵珍品，饮后齿颊留香，香味高远而持久，喉底回甘，味道醇厚而愈加清新。茶叶为绿叶镶红边，即使冲泡 7 次仍有余香，令人心旷神怡。

（7）**白毫银针**

白毫银针（见图 4-9）属于白茶，产于福建。其外观特征为挺直似针，满披白毫，如银似雪。

福建福鼎产的白毫银针茶芽茸毛厚实，色白而富有光泽，泡出的茶汤呈浅杏黄色，口感清鲜爽口。福建政和产的白毫银针，泡出的茶汤味道醇厚，香气清新芬芳。

（8）**茉莉花茶**

茉莉花茶（见图 4-10）又称茉莉香片，是花茶的一种。它以绿茶为茶坯制成。

图 4-8　大红袍

图 4-9　白毫银针

福建福州是茉莉花茶的发源地。该茶将茉莉花香与茶香完美融合，享有“窨得茉莉无上味，列作人间第一香”的美誉。茉莉花茶是花茶中的主要产品，其产区广泛，产量大，品种多样。

福州茉莉花茶的起源可以追溯到汉代。宋朝，中医对香气和茶的保健功能有了深入的理解，引发了香茶的热潮，从而诞生了数十种香茶。茉莉花茶在清朝时期被列为贡品。

茉莉花茶的香气清新持久，口感醇厚且清爽，茶汤的颜色黄绿明亮。经过一系列精细的工艺流程窨制而成的茉莉花茶，不仅味道醇厚，还具有安神、解郁、健脾理气、抗衰老以及提高机体免疫力的功效。

（9）**六安瓜片**

六安瓜片（见图 4-11）简称瓜片、片茶，产自安徽省六安市大别山一带，在唐代被称为“庐州六安茶”，在明代被称为“六安瓜片”，被视为上品、极品茶，清代更是成为朝廷贡茶。

图 4-10　茉莉花茶

图 4-11　六安瓜片

六安瓜片属于绿茶，是唯一无芽无梗的茶叶。去芽不仅保持单片形体，且无青草味。梗在制作过程中会木质化，剔除后，可确保茶味浓而不苦，香而不涩。六安瓜片每逢谷雨前后 10 天之内采摘，采摘时取 2～3 叶，以“壮”为佳，不求嫩。

（10）冻顶乌龙茶

冻顶乌龙茶（见图 4-12）产于我国台湾的冻顶山一带。这种茶色泽苍绿，泡出的茶汤金黄带绿，散发出花香或果香，带有甘甜的口感。

图 4-12　冻顶乌龙茶

第三节　中国饮茶习俗

中国人不仅饮茶，更在此基础上升华出了品茶的艺术。饮茶主要是为了满足解渴的需求，而品茶则将这一日常活动提升到了精神和艺术的层面。品茶不仅包含品评、鉴赏的技巧，还涵盖了精细的操作手法和品味茶香的美好意境。

无论是古人还是今人，对饮茶都颇有讲究。例如，品茶时首先要选择合适的茶具，不仅注重其古朴或雅致，更追求其独特的韵味。同时，品茶也讲究与人品、环境的和谐统一，当然还包括礼仪、礼节等元素。接下来便是选水、论茶、煮茶等一系列的程序。

一、饮茶方法

历史上，茶叶的烹饮方式不断演变，大致可归纳为两大类四小类。两大类即煮茶法和泡茶法。四小类则增加了从煮茶法中衍生出的煎茶法，以及从泡茶法中细分出的点茶法。煮、煎、点、泡这四种饮茶方法各具特色。

不同历史时期流行不同的饮茶方法。汉及魏晋南北朝时期偏好煮茶法，唐代一度流行煎茶法，五代两宋时期则流行点茶法，元朝之后泡茶法成为主流。

泡茶技术包括四大要素，即茶叶用量（置茶量）、泡茶水温、冲泡时间和冲泡次数。

1. 置茶量

置茶量就是每一杯或每一壶茶水应放置多少茶叶为宜。一般而言，绿茶和黄茶适宜用 1 克茶叶搭配 50 毫升的水。红茶、白茶可略增加一些水，乌龙茶和紧压茶大约为 1 克茶叶搭配 20 毫升的水。

在泡茶时，若茶多水少，则茶汤浓度过高，滋味苦涩，而且不能充分利用茶叶的有效成分；若茶少水多，则茶汤浓度低，茶味淡。饮茶时可依个人习惯酌情增减。习惯饮浓茶者，置茶量稍加，反之则减少；优等茶叶，置茶量稍减，反之则增加；用茶量多，浸泡时间应相对缩短，同时增加冲泡次数。

2. 泡茶水温

泡茶水温，是指将水烧开之后再冷却到的温度。若是无菌水，只要烧到所需的水温即可。一般来说，泡茶水温的高低，与茶中可溶于水的浸出物的浸出速度相关。水温愈高，浸出速度愈快，在相同的冲泡时间内，茶汤的滋味也就愈浓。反之，水温愈低，浸出速度愈慢，茶汤的滋味也相对愈淡。

古人对泡茶的水温十分讲究，有“三沸”之说：一沸时气泡如蟹眼鱼目，由壶中腾起，“滴滴”微响；二沸时边缘如泉涌，且气泡连珠而起；三沸时水在壶中如腾波鼓浪。古人烧泡茶之水强调大火急沸，而非文火慢煮。水过“二沸”时泡茶最宜，水过“三沸”则过老，不宜使用。这些对于现代人泡茶仍有借鉴意义。

泡茶水温要根据茶叶的老嫩、松紧、大小等情况来确定。粗老、紧实、叶大的茶叶，水温要比细嫩、松散、叶碎的茶叶高。具体分为三种情况：

一是低温泡茶，水温在 80 ℃左右，适合冲泡名优高档绿茶，如龙井茶、信阳毛尖、碧螺春茶等。泡出的茶汤色清澈，香气醇正，滋味鲜爽，叶底明亮。水温过高则汤色易变黄，维生素 C 等有益成分遭破坏，而茶多酚很快浸出，使茶汤苦涩。反之，水温过低，有益成分难以浸出，茶味淡薄。

二是中温泡茶，水温 90 ℃左右，适合冲泡大宗绿茶、花茶、轻发酵乌龙茶及某些烘青绿茶。这些茶叶对中温的要求有差别，可根据具体情况掌握。

三是高温泡茶，水温在 95 ℃以上，适合冲泡大部分乌龙茶、普洱茶和沱茶等。这些茶原料不细嫩，且用茶量较大，须用沸腾的开水冲泡。

至于有些紧压砖茶，要先将其敲碎，在壶中煎煮。

3. 冲泡时间

茶叶的冲泡时间与茶叶的种类、泡茶水温、置茶量和饮茶习惯等都有关，不可一概而论。一般而言，茶的滋味随着冲泡时间延长而逐渐增浓。

据测定，用沸水泡茶时首先浸出的是咖啡碱、维生素 C、氨基酸等。大约 3 分钟时浸出物浓度最佳，这时茶汤鲜爽醇和，但缺少饮茶者需要的刺激味。随后，茶多酚等浸出物含量逐渐增加。

对大宗红茶、绿茶而言，头泡茶以冲泡后 3 分钟饮用为宜。冲泡乌龙茶时，多用小型紫砂壶，用茶量也较大。因此，第一次冲泡后 1 分钟就应饮用。自第二次冲泡开始，每次应比前一次增加 15 秒左右，以确保茶汤浓度均匀。

4. 冲泡次数

据专家测定，茶叶中各种有效成分的浸出率不同。最容易浸出的是氨基酸和维生素 C，其次是咖啡碱、茶多酚和可溶性糖等。通常绿茶第一次冲泡时，茶中的可溶性物质能浸出 50% 左右；第二次能浸出 30% 左右；第三次能浸出 10% 左右；第四次只能浸出 2%～3%，此时再饮，茶味如白开水。

因此，名优绿茶通常只能泡 2～3 次。大宗绿茶可连续冲泡 5～6 次，乌龙茶甚至更多，有“七泡有余香”之说。袋泡红碎茶冲泡 1 次即可。白茶、黄茶一般只能冲泡 2～3 次。

二、泡茶用水

水被誉为茶之母，水的质量对茶汤的口感有着直接影响，因此中国人自古以来就非常注重泡茶所用的水。

水质对茶的重要性不言而喻，劣质的水无法准确体现茶叶的色、香、味，对茶汤滋味的影响尤为显著。杭州的“龙井茶，虎跑水”，被誉为杭州双绝；“蒙顶山上茶，扬子江心水”，名声远扬；“浉河中心水，车云山上茶”，二者交相辉映。这些都是名水与名茶相得益彰的例证。

1. 泡茶用水的标准

唐代陆羽在《茶经》中总结了煮茶用水的经验，他提出，煮茶用水以山水为上，江水次之，井水为下。李时珍在《本草纲目》中，也对水进行了极为详尽的阐述。总体来说，泡茶用水的标准有以下几点：

一是水要甘甜纯净。水应具备甘甜之味和纯净之美，才能称得上好水。

二是水要鲜活。陆羽所说的“山水”，指的就是活水。

三是水质宜轻。很多古代茶专著中提到了水宜“轻”的观点。清乾隆更是把“水轻”作为评判水质好坏的极致标准。他采用称水法，以最轻的水定为“天下第一泉”。

随着现代科技的发展，人们有条件用科技手段来评判泡茶用水的水质。

2. 泡茶用水的选择

陆羽对饮茶用水进行过深入研究，唐代张又新的《煎茶水记》中就记载了陆羽品水的生动故事。

依据现代科学，常用的水可分为硬水和软水，而泡茶用水以软水更为适宜。常用的泡茶用水有以下几种：

一是山泉水。山泉水持续流动，经过沙石的自然过滤，通常较为纯净，口感略带甘甜，水质的稳定性好。它富含各种对人体有益的微量元素，非常适合用来泡茶。它能使茶的色、香、味得到最大限度的发挥，泡出的茶汤色泽明亮，并能充分展现茶叶的特质。但山泉水不宜长时间存放，最好趁新鲜时泡茶饮用。然而，并非所有的山泉水都适合泡茶，如含有硫黄的山泉水就不宜使用。另外，山泉水并非随处可见，因此对大多数人来说，只能根据实际情况选择适宜的泡茶用水。

二是深井水。深井水略具泉水性质，用来泡茶是不错的选择。

三是江、河、湖水。这些水属于地表水，通常含有较多杂质，混浊度也较高。一般来说，用这样的水来泡茶，效果可能并不理想。然而，在远离人烟、植被繁茂的地方，由于污染物较少，这样的江、河、湖水仍可被视为优质的泡茶用水。但需要注意的是，这些水多半是暂时性硬水，含有较多的酸式碳酸盐，这些物质容易与茶叶中的茶多酚结合，影响茶汤的色泽和茶叶的色、香、味。因此，在使用前必须经过充分煮沸，以消除其不良影响。

四是自来水。现在城市居民大多使用自来水，这种水通常也属于硬水，且常加有漂白粉进行消毒。尤其在夏季，漂白粉的使用量可能会稍有增加。用自来水泡茶，可能会带有异味。可以先将水储存在容器内，静置一夜，让水中的氯气挥发掉，并延长煮沸时间。这样既可以软化水质，又能去除残留的氯气。用这样的水来泡茶，茶汤色泽明亮，能更好地保留茶叶的色、香、味，口感清醇爽口。

五是纯净水。通过现代过滤技术，可以将普通饮用水转化为无杂质的纯净水。使用这种纯净水泡茶，茶汤纯净度高，香气和滋味都非常醇正，无任何异味，口感鲜醇爽口。市面上大多数的纯净水都适合用来泡茶。此外，优质的矿泉水也是很好的泡茶选择。

六是蒸馏水。蒸馏水是通过人工方式制造的纯水，其水质极为纯净。然而，它对茶汤的色味并无任何增益效果，泡茶效果并不比其他几类水更好。再加上蒸馏水的成本相对较高，因此使用蒸馏水泡茶的人并不多。

三、茶具

茶具是茶道文化中不可或缺的一部分。想要冲泡一杯好茶，好的茶具是必备的。好的茶具能够增添品茶的乐趣，使得茶香四溢、茶色澄澈，让人心情愉悦。

1. 茶具的历史

古代痴迷于茶艺的文人雅士，总是把茶具的选择与搭配看得极为重要。在他们看来，茶具不仅实用，更有着鉴赏和把玩的乐趣。

唐代时，人们煮饮团饼茶，不仅有炙、碾、罗的器具，还有煮茶、调茶的用具，以及盛放茶汤的器具等。宋代，人们直接冲饮茶水，不再煮茶，因此茶具数量有所减少。明代以后，采用撮泡法，茶具以壶和杯盏为主。茶壶、茶盏一直以来以瓷质最为流行。自明清以来，紫砂茶壶也广受欢迎。

唐代，很多窑口都烧制茶碗。陆羽特别青睐浙江越窑出产的茶碗。他认为，这种茶碗如冰似玉，更能映衬出茶汤的醇厚与鲜亮。由此可见，陆羽在选择茶具时，非常注重其艺术审美感觉。

到了宋代，茶具逐渐趋向小型化，多用盏盅。这是一种小型的碗，具有敞口和小足的特点。为了方便拿取，有时还会外加一个托碟。当时盛行斗茶和分茶的活动，并且以茶色纯白作为优质茶评判标准。在斗茶时，人们以茶面泡沫的洁净度、盏内有无水痕以及泡沫的持久性作为评判优劣的标准。

尽管紫砂茶具在宋代已经出现，但当时并未得到广泛的认可。明代，紫砂茶具开始受到人们的推崇。到了清代，江苏宜兴的紫砂壶被公认为精美绝伦的艺术品，各地的人们都争相购买。

紫砂壶不仅具有良好的实用功能，还拥有极高的艺术鉴赏价值。其造型别致、工艺精湛，有的仿照夏商周的器具，展现出庄重古朴的风格；有的模仿瓜果、花木以及动物等形象，生动逼真、栩栩如生；还有一些巧妙地运用了几何图形进行设计，线条流畅优雅，让人爱不释手。

2. 现代茶具简介

（1）紫砂茶具

宜兴紫砂茶具是紫砂茶具中的佼佼者。一般的紫砂茶具造型大方，色调古雅。紫砂壶（见图 4–13）是在 1 000～1 200 ℃的高温下烧制而成的，质地细密，有许多肉眼看不到的气孔，可以吸附茶汁，很好地呈现茶的香气。正宗的宜兴紫砂茶具是用当地紫泥、红泥以及团山泥焙烧而成，使用越长久，茶具的颜色就会变得越发自然。目前市场上的紫砂茶具主要产自江苏、福建等地。

（2）瓷质茶具

目前常见的瓷质茶具一般有白瓷茶具、青瓷茶具。其中白瓷茶具较为常见，因为白瓷能够很好地衬托出茶汤的颜色，而且白瓷不会与茶发生化学反应，适合泡不同的茶叶。

白瓷以景德镇原产瓷器为佳，尤其是青花瓷；青瓷的主要产地在浙江。购买瓷质茶具时，需要观察器形是否周正，釉色是否光洁，色泽是否一致等。除此之外，还需观察茶具有无气泡眼以及脱釉现象等。对于青花瓷和彩绘瓷质茶具，还要看其颜色是否纯正以及是否有光泽。图 4–14 所示为白瓷盖碗。

图 4-13　紫砂壶

图 4-14　白瓷盖碗

（3）玻璃茶具

玻璃茶具具有透明、导热快、不透气的特点。用玻璃茶具泡茶，可以观赏到茶叶在水中变化的整个过程以及茶汤色泽的变化。但是，玻璃茶具容易破碎，并且会烫手。玻璃茶具适合冲泡龙井茶、碧螺春茶等高档绿茶。

（4）装饰茶具

装饰茶具（见图 4-15）往往比一般的茶具更注重造型，尤其是突出某些细节和图案的变化。装饰茶具虽然不像其他茶具那么实用，但是可以给人带来美的享受。

3. 茶具的应用

（1）家庭泡茶用具

一般来说，我国大部分地区常用瓷壶、瓷杯泡茶。广东、福建等地区的人们喜爱乌龙茶，常用紫砂茶具，并配以小杯慢慢品味。四川、安徽等地流行喝盖碗茶，盖碗由碗盖、茶碗和碗托三部分组成，无论是个人独饮还是多人共饮都十分适宜。图 4-16 所示为一套家庭泡茶用具。

图 4-15　装饰茶具

图 4-16　家庭泡茶用具

造型典雅、富有艺术感的茶具，更能衬托出品茗者的品位。整组茶具与品茗环境和谐搭配，可以使饮茶的气氛协调，充满美感。

（2）茶艺馆泡茶用具

在现代茶艺馆中，提供给客人的泡茶用具多档次较高，并且配套齐全，如图 4–17 所示。

图 4–17　茶艺馆茶具

通常情况下，饮用普通绿茶可选用浙江的龙泉青瓷杯或景德镇青花瓷盖杯；品尝上等名茶时则使用无花纹的玻璃杯或景德镇白瓷杯、龙泉青瓷敞口杯等，以便观赏茶芽的优美形态和碧绿晶莹的茶汤，令人心旷神怡；饮用花茶时适合使用彩色盖碗或福建的脱胎漆器壶、杯；品尝红茶时可选用广州织金彩瓷盖杯或壶，也可使用宜兴紫砂壶或上白釉的紫砂杯；品尝乌龙茶时宜使用广东潮州工夫茶具或福建乌龙茶具。

四、饮茶礼仪和习俗

我国有着悠久的种茶历史，又有着严格的敬茶礼仪，还有着独特的饮茶习俗。

1. 敬茶礼仪

宾客来访时，人们习惯沏茶招待。

中国人还有各种以茶代礼的风俗。古时在杭州，每逢立夏，家家都烹制新茶，并配以各色细果，馈送亲友邻居，这称为“七家茶”。

茶礼还是我国古代婚礼中一种隆重的礼节。古人成婚以茶为礼，认为茶树只能从种子萌芽后长成植株，不能移植，否则就会枯死，因此把茶看作一种坚贞不渝的象征。所以，民间男女订婚以茶为礼，下聘礼称为下茶或茶定，民间还有“一女不吃两家茶”的俗语。同时，民间还把整个婚姻的礼仪总称为“三茶六礼”。“三茶”指订婚时的下茶、结婚时的定茶、同房时的合茶。有的地方举办婚礼时，要举行“三道茶”仪式。“三道茶”是，第一杯白果桂圆茶，第二杯莲子红枣茶，第三杯才是纯茶。饮的方式是，接杯之后，双手捧之，深深作揖，然后嘴唇一触，即由家人收去。第二道亦如此。第三道，作揖后才可饮之。这是最尊敬的礼仪。这些习俗现在已没有了，但婚礼的敬茶之礼，仍沿袭至今。

2. 饮茶习俗

中国有句俗语：“开门七件事，柴米油盐酱醋茶。”可见，茶与百姓生活密切相关，即使不是富裕人家，也要有“粗茶淡饭”。客来敬茶是热情好客的表现，也是传统的礼节。

在汉族饮茶习俗中，除了广东、福建等地的工夫茶以外，一般讲究一些的会用盖碗来泡茶。盖碗又称“三才碗”，代表着天、地、人的和谐。许多地方都有用盖碗泡茶的习惯，其中以四川最具代表性。不仅茶馆里使用盖碗，普通家庭也喜欢用盖碗。用盖碗泡茶既可揭盖闻香，又能观赏茶汤；能趁热喝，还不烫手。

早在唐代就有了带托的茶盏。四川的“茶博士”用盖碗沏茶的技术，甚至可以被称为绝技。长嘴大铜壶，青花瓷盖碗，茶托、茶碗一串串从“茶博士”的手里飞出去，令人眼花缭乱，却都能准确地落在客人的桌前。“茶博士”能在离得很远的地方冲茶，动作如同蜻蜓点水，有的还能做出各种花样动作，甚至是高难度动作。图 4-18 所示为长嘴茶壶。

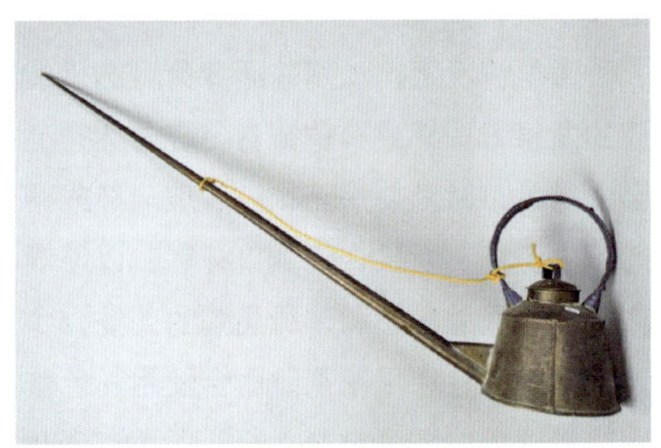

图 4-18　长嘴茶壶

文士茶是早年流行于江西婺源文人学士中的传统茶俗，也是用盖碗品饮。文士茶讲究饮茶人士之文雅、饮茶环境之清雅、饮茶器具之高雅，追求汤色清、气韵清、心境清，以达到物我合一的境界。

五、茶宴与茶食

1. 茶宴

茶宴又称茶会，是以茶代酒作宴，宴请宾客的一种活动。茶宴始于南北朝，兴于唐代，盛于宋代。

“茶宴”一词最早出现于南北朝山谦之的《吴兴记》一书，其中提到“每岁吴兴、毗陵二郡太守采茶宴会于此”。到了唐代，茶宴已趋于正式化。当时，湖州和常州交界处的顾渚山茶宴规模最大，也最为有名。每年早春采茶时节，两州太守都会在顾渚山举行隆重的茶宴，邀请社会各界名流与专家共同品尝和审评茶叶，同时还可领略优美的自然环境，鉴赏精美的茶具。到了宋代，随着茶叶产区的扩大和制茶技术的革新，茶宴之风更为盛行。

最初，士大夫们为标榜节俭朴素，以茶宴作为酒宴的替代品。然而，随着社会的发展，它也逐渐变得铺张、奢华。自从唐代陆羽提倡茶为修身养性之物，是精行俭德之人的选择之后，饮茶便逐渐向淡泊宁静的风格与趣味发展。

到了明代，文人雅士们更倾向于喝茶时以客人数量少为佳，如果客人太多就会喧闹嘈杂，而一旦喧闹起来，喝茶所蕴含的高雅意趣就荡然无存了。他们还认为，喝茶最忌讳的就是桌上摆满各种荤腥菜肴。由此，传统的茶宴逐渐消失。

2. 茶食

茶食，从广义上说，是茶及糕饼点心等的统称。茶食与茶宴的形成和发展，可以说是古代吃茶法的延伸和拓展，其历史颇为久远，大致经历了五个阶段。

先秦时期，以茶水煮羹作食。

汉至南北朝时期，以茶水掺和作料调味共煮后饮用。

隋、唐、宋时期，以茶为调味品，制作各种茶风味食品。

元、明、清时期，同样以茶为调味品，制作各种茶风味食品，但较之前更为精细。

现代社会，讲究茶食的科学性，追求丰富多样的艺术情调，形成独树一帜的茶膳。

以前，茶食专指喝茶时所吃的食品，与点心存在区别，但是后来便混同了。

随着茶宴在历史上消失，茶食逐渐传入民间。在中国人的心目中，茶食往往指的就是点心。图 4–19 所示为现代茶食。

图 4–19　现代茶食

思考题

1. 简述中国茶文化的内涵。
2. 简述我国茶叶的分类。
3. 列举 5 种中国名茶，并说出它们的特点。
4. 名茶的特点有哪些？
5. 泡茶技术的四大要素是什么？
6. 通过调研，写出你家乡的饮茶习俗。

第五章
中国酒文化

学习目标

1. 认识酒文化在中国传统文化中的地位和意义。
2. 了解中国酒的起源和发展概况。
3. 了解常见的饮酒习俗。

酒在中国的历史可追溯至数千年前。酒在中国文化的发展中，逐渐从一种单纯的物质存在演变为一种文化象征。酒还衍生出相关的酒器、酒具、酒饰等，极大地丰富了酒文化的内涵。

第一节　中国酒的历史

酒的酿造在我国已有相当悠久的历史。在中国数千年的文明发展史中，酒与文化的发展基本上是同步的。

甲骨文中已出现了酒字和与酒有关的酉、醴、尊等字，这可以佐证酒的存在之久。《诗经》中也有“既醉以酒，既饱以德”的诗句。我国古代与酒相关的诗、词、歌、赋、书法、绘画等艺术作品层出不穷。

一、中国酒的起源

根据河南贾湖遗址等地的考古发现，我国先民早在新石器时代就已经掌握了酿酒技术。但在古代，人们往往将酒归功于某些人的发明，把这些人尊为酿酒的祖师。虽然这些说法没有确凿的证据，但它们作为文化认同现象仍然存在。关于酒的起源，主要有以下四种传说。

1. 上天造酒说

古人有酒是天上“酒星”所造的说法。东汉末年的孔融曾在文章中写道，“天垂酒星之耀，地列酒泉之郡”。《晋书·天文志》记载：“轩辕右角南三星曰酒旗，酒官之旗也。主飨宴饮食。五星守酒旗，天下大酺。”唐代李白在《月下独酌·其二》中有“天若不爱酒，酒星不在天”的诗句。唐代诗人李贺在《秦王饮酒》一诗中也有“龙头泻酒邀酒星”的诗句。

2. 仪狄造酒说

相传夏禹时期的仪狄发明了酿酒技术。不少史料中有这种说法，如《吕氏春秋》《战国策》等。还有一种观点是仪狄作酒醪，杜康作秫酒。当然，也有一些古籍中存在与之相矛盾的说法。

此外还有“酒之所兴，肇自上皇，成于仪狄”之说。它的意思是，自上古三皇五帝时期，各种酿酒方法已在民间流传，而仪狄对这些方法进行了归纳总结，使其得以流传后世。有人因此推断仪狄是古代掌管酿酒之事的官员。

实际上，用粮食酿酒是一个程序和工艺都非常复杂的过程，单凭个人力量很难完成。因此，仪狄作为酒的发明者的说法仍待商榷。

3. 杜康造酒说

历史上确有杜康其人，诸多古籍如《吕氏春秋》《战国策》《说文解字》等均有相关记载。例如，汉代《说文解字》记载：“古者少康箕帚、秫酒。少康，杜康也。”根据清代《白水县志》记载，杜康是汉朝人，擅长造酒。

关于杜康造酒的传说和记载很多，其中有一种说法，描述杜康将剩饭置于桑园树洞中，经发酵后散发出芳香。然而，在杜康的时代之前，已有“尧舜千钟”之说，所以杜康造酒的说法也有待商榷。

客观来看，酒的制作方法应是劳动人民在长期实践中积累而成，后由智者总结传承。

4. 猿猴造酒说

关于猿猴造酒的说法在许多古籍中都有记载。

据人们分析，这种说法背后的原因是，当成熟的野果坠落下来后，由于受到果皮上或空气中酵母菌的作用而生成酒，是一种自然现象。猿猴在水果成熟的季节收集大量水果，堆积的水果受自然界中酵母菌的作用而发酵，将“酒”的液体析出。不明所以的人们，便以为猿猴能“造”出酒。

二、中国古代酒的发展

早期，我国先民将酒视为一种具有巨大魔力的饮料，奉为神圣之物，并在祭祀等重大活动中使用。

夏商周时期，我国的酿酒业已有了很大的发展。政府设立了专门负责酿酒的机构，并配备了专门的官员。酒的生产由官府控制，主要供帝王和诸侯享乐，商纣王时的“酒池肉林”便是帝王奢靡生活的真实写照。

魏晋时期，我国酒业更加繁荣，饮酒不仅在上层社会中盛行，而且普及到了民间普通百姓家。北魏时期的《齐民要术》中，系统详尽地总结记载了各种制曲的方法，同时还记载了数十种酿酒方法。

到了宋朝，酿酒业在唐朝的基础上进一步发展。一方面，由于手工业和商业的繁荣，人们对酒的消费需求大幅增长；另一方面，粮食充足，酿酒技术成熟，使得酒类品种更加丰富，酒品质量提高，酒业生产范围扩大。宋代的酿酒业上至宫廷下至村寨都有分布，酿酒作坊数量众多，为中国白酒的发明和发展奠定了基础。当时人们所喝的大多是度数很低的发酵酒。

知识拓展

《酒经》

《酒经》（见图 5-1）又名《北山酒经》，作者为北宋朱肱。他曾开设酒坊，积累了丰富的酿酒经验。该书记录了 13 种酒曲。在制曲过程中已完全采用生料，并常添加各种草药，这标志着北宋时期的制曲技术相较于魏晋南北朝有了显著进步。

此书分为上、中、下三卷。上卷探讨酒的发展历程；中卷深入剖析曲的种类，将其详细分为 3 类共 13 种，并阐述了各种曲的配料及加工技术；下卷则讲解了酿酒的方法，同时介绍了白羊酒、地黄酒、菊花酒、葡萄酒等的具体酿造工艺。

图 5-1 《酒经》

后来，由于蒸馏技术的引入，催生了举世闻名的中国白酒。白酒，作为中华民族的特产饮料，是用酒曲酿制而成的蒸馏酒，通称烈性酒。

明代李时珍认为，白酒始创于元代。有人则认为，我国人民从炼丹术中总结经验，独立发明了蒸馏酒。

清朝是白酒得到巨大发展的时期，绝大多数的蒸馏酒名牌都创始于清朝。

1998 年，在成都市意外发现的明清时期水井街酒坊遗址，提供了我国连续生产白酒长达约 800 年的实证。

三、近现代以来中国酒的发展

近现代以来，随着西方科学技术的传入与利用，西方的酒类品种及其生产方式开始对中国酒文化产生影响，推动了中国酒的变革与繁荣。

民国时期，中国酿酒技术取得巨大变革与发展，建立了机械化酿酒厂，设立发酵科学技术研究机构，培养酿酒技术人才。同时，酿酒科学研究兴起，中国开始了对发酵微生物的分离与鉴定，酿酒技术也得到了进一步的改良。

中华人民共和国成立后，中国的酿酒技术取得了许多突破性进展，黄酒、白酒、啤酒、葡萄酒以及酒精的生产技术均达到了国际先进水平。

知识拓展

古代人饮酒

我国古代人饮的酒与今天的酒是不一样的。古人是连汁带滓一起饮用的。古籍中所说的“仪狄始作酒醪”，这里的“醪”，指的就是汁滓混合的酒。这种酒不仅散发酒香、具有酒味，而且饮用后还有饱腹的作用，相当于酒饭同食。然而，这样的酒无法用酒壶盛装，因此必须使用敞口容器来盛放，然后用勺子舀出饮用。这一点可以从我国四川、河南、山东等地出土的一些汉画像砖或汉画像石上的宴饮图中得到佐证，如图 5-2 所示。

古人将去除了“滓”的酒称为“清酒”，《周礼》一书中就提及了这种酒。这表明，至少在周代，我国已经有了去滓的清澈酒水。

图 5-2　汉画像石宴饮图

第二节　中国酒的种类

一、中国酒的主要品种与特点

1. 酒的分类

按生产方式不同，酒可以分为发酵酒、蒸馏酒和配制酒三大类；按酒精含量不同，可以分为低度酒和高度酒；按酿酒原料不同，可分为黄酒、白酒和果酒等。

（1）发酵酒

发酵酒是将原料进行发酵，使糖转变成酒精，然后通过压榨方法分离酒液和酒渣，最后经陈酿和勾兑制成的酒。啤酒、葡萄酒和黄酒等都属于这一类。其特点是酒精度较低，但营养价值较高。

（2）蒸馏酒

蒸馏酒是用各种原料酿造出含酒精的发酵液、酒醪或酒醅，再采用蒸馏技术提取其中的酒精和其他易挥发性物质，最后经过冷凝制成的酒。白酒和其他蒸馏酒都属于这一类。其特点是酒精含量高，几乎不含营养素，且通常需要长时间的陈酿。

（3）配制酒

配制酒是以发酵酒或蒸馏酒、食用酒精为基酒，采用混合蒸馏、浸泡或萃取液混合等方法，加入香料、药材、动植物或花等，制成的具有独特风味的酒。其特点是酒精含量介于发酵酒和蒸馏酒之间，加工周期较短。其营养价值依据所选用的酒基和添加的辅料而有所不同。

2. 白酒

白酒是中国特有的一种蒸馏酒，也是世界六大蒸馏酒（白兰地、威士忌、伏特加、金酒、朗姆酒、白酒）之一，又名烧酒、白干。据《本草纲目》记载："烧酒非古法也，自元时始创，其法用浓酒和糟入甑，蒸令气上，用器承取滴露。"由此可见，我国白酒的生产有很长的历史。

白酒以粮谷为主要原料，以大曲、小曲或麸曲及酒母等为糖化发酵剂，经蒸煮、糖化、发酵、蒸馏而制成。从严格意义上讲，由食用酒精和食用香料勾兑而成的配制酒不能算作白酒。白酒无色（或微黄）透明，气味芳香醇正，入口绵甜爽净，酒精含量较高。经贮存老熟后，具有复合香味。

白酒还可按照香型分类。酱香型白酒以酱香柔润为主要特点。浓香型白酒特点为浓香甘爽，以高粱为主要发酵原料，采用混蒸续渣工艺，且多使用陈年老窖或人工培养的老窖进行发酵。此类白酒的产量最大，四川等地的酒厂所产白酒多属此类。清香型白酒采用清蒸清渣发酵工艺和地缸发酵工艺。米香型白酒以米香醇正为特点，口感清柔，幽雅纯净，入口绵甜，回味怡畅，桂林的三花酒和全州的湘山酒是其代表。此外，还有其他香型，如药香型、凤香型、兼香型、豉香型、特香型、芝麻香型等。在中国，生产最多的是浓香型白酒，其次是清香型白酒，其余香型的酒生产量相对较少。

一般来说，酒精度在 40 度以上的为高度酒，40 度以下的为低度酒。评定白酒质量的高低主要根据其色泽、香气和滋味。质量优良的白酒应无色透明，瓶内无悬浮物、无沉淀；香气方面应具备特有的酒味和醇香，其香气又可分为溢香、喷香、留香等；滋味上，酒味应醇正，各味应协调，无强烈的刺激性。

3. 啤酒

啤酒（见图 5-3）是一种以小麦芽和大麦芽为主要原料，并加啤酒花，经过液态糊化和糖化，再经过发酵酿制而成的酒精饮料。

图 5-3　啤酒

啤酒的起源与谷物的起源密切相关。公元前 4000 年，美索不达米亚地区已有用大麦、小麦、蜂蜜制作的多种啤酒。

19 世纪末，啤酒传入中国。当时中国的啤酒业发展缓慢，分布不广，产量也不大。1949 年后，中国啤酒工业发展迅速，并逐步摆脱了原料依赖进口的落后状态。

啤酒的种类较多，其分类方法大致有四种。

（1）根据灭菌处理情况分类

按此标准，啤酒可分为生啤酒和熟啤酒。生啤酒没有经过杀菌处理，保存期较短，但口味鲜美。熟啤酒经过杀菌处理，稳定性好，保存时间长，一般可保存 3 个月，但口感和营养价值不及生啤酒。

（2）根据麦芽汁浓度分类

按此标准，啤酒可分为低浓度啤酒、中浓度啤酒和高浓度啤酒 3 种。低浓度啤酒的麦芽汁浓度在 7%～8% 之间，中浓度啤酒的麦芽汁浓度在 10%～12% 之间，高浓度啤酒的麦芽汁浓度在 14%～20% 之间。随着麦芽汁浓度的提高，啤酒中的酒精含量也会相应增加。

（3）根据色泽分类

按此标准，啤酒可分为淡色啤酒、浓色啤酒和黑啤酒 3 种。淡色啤酒是啤酒中最常见的一种，其颜色较浅，口感清爽，苦味较轻。浓色啤酒的颜色较深，口感较重，苦味较轻。黑啤酒呈咖啡色，有光泽，口味浓厚并带有焦香味。

（4）根据有无酒精分类

按此标准，啤酒可分为含酒精啤酒和无酒精啤酒。无酒精啤酒保持了啤酒的原有味道但不含酒精。

对于啤酒质量，一般从透明度、色泽、泡沫、香气以及滋味等方面进行鉴定。优质的啤酒应该透明，光泽度适中，泡沫应洁白细腻并且能够持久挂杯，同时应该散发出强烈的麦芽香气并带有爽口且微苦的口感。

4. 果酒

果酒是用水果酿造的酒。自然界中的单糖大部分存在于各种水果之中，主要为葡萄糖和果糖。在合适的温度和湿度条件下，这些水果中的糖可以被自然界中存在的微生物发酵，产生酒精。

相传秦始皇在统一六国后，为了实现自己长生不老的愿望，派方士徐福出海寻找长生不老的仙药，而出海需要身强体壮、能抵抗各种疾病的童男童女，徐福便周游各地寻找。当他途经饶安邑（今河北省盐山县千童镇）时，发现这里的人个个身强体壮，很少生病。原来，饶安邑盛产红枣，当地人常吃枣、饮枣酒。徐福便在此地征集了三千童男童女，命人建造酒坊，酿制枣酒，以供御寒驱潮之用。

自此，酿造果酒的技术广为流传。汉代用红枣和香草进行精酿，酿出的酒汁稠黏手，味道香甜，饮后满屋飘香，香气经久不散。在京剧《捉放曹》中，就有“饶安沽酒走一遭”的唱词。到了唐代，这种酒深受文人墨客的喜爱。唐代大诗人李贺曾赞美道：“琉璃钟，琥珀浓，小槽酒滴真珠红。”

果酒的酒精度在 15 度左右，通常分为葡萄酒类和其他果酒类。

5. 黄酒

黄酒（见图 5–4）是世界上非常古老的酒类之一，它源于中国，且只有中国有。它与啤酒、葡萄酒并称世界三大古酒。大约在商周时代，中国人独创了酒曲复式发酵法，开始大量酿制黄酒。

图 5–4　黄酒

我国南方的黄酒主要以糯米为原料，北方则主要以黍米、粟米以及糯米（北方称江米）为原料，其酒精含量通常在 14%～20% 之间，属于低度酿造酒。黄酒富含营养，被誉为“液体蛋糕”。

黄酒的产地广泛，品种繁多。其中，以浙江绍兴黄酒为代表的麦曲稻米酒是最具代表性的黄酒产品。它是以稻米为原料酿造而成的粮食酒。与白酒不同的是，黄酒没有经过蒸馏，其酒精含量低于 20%。各种黄酒的颜色也各有不同，呈现出米色、黄褐色或红棕色。山东即墨黄酒是北方黍米黄酒的代表，而福建龙岩沉缸酒和福建老酒则是红曲稻米黄酒的典型。

黄酒的质量主要依据其色泽、香气和味道评判。优质的黄酒应浅黄澄清（即墨黄酒除外），无沉淀物，香气浓郁，味道醇厚微甜且无酸涩味。

6. 药酒

药酒素有“百药之长”的美誉。将强身健体的药材与酒“溶”于一体的药酒，配制便捷、药性稳定、安全有效。而且，酒精是一种良好的溶剂，药材的各种有效成分都易溶于其中。药借酒力，酒助药势，二者相辅相成，从而充分发挥药效。

药酒是中国的传统产品，品种繁多。明代李时珍的《本草纲目》中就记载了数十种药酒，有的至今仍在生产。药酒的功效各异，主要分为两大类。一类是保健性药酒，它既是一种饮料酒，又具有滋补作用，如五味子酒等。另一类是治疗性药酒，这种酒才是真正的药酒，大都在中药店出售。

二、中国名酒

中华人民共和国成立以来，进行了多次全国性的名酒评选活动，旨在加快技术进步，提高酒的质量。其中选出的部分名酒简介如下：

1. 茅台酒

茅台酒（见图 5–5）独产于贵州省遵义市仁怀市茅台镇，与苏格兰威士忌、法国科涅克白兰地并列为三大蒸馏酒。贵州茅台酒多次获得国际金奖，它是大曲酱香型白酒的开创者，享有“国酒”之美誉。

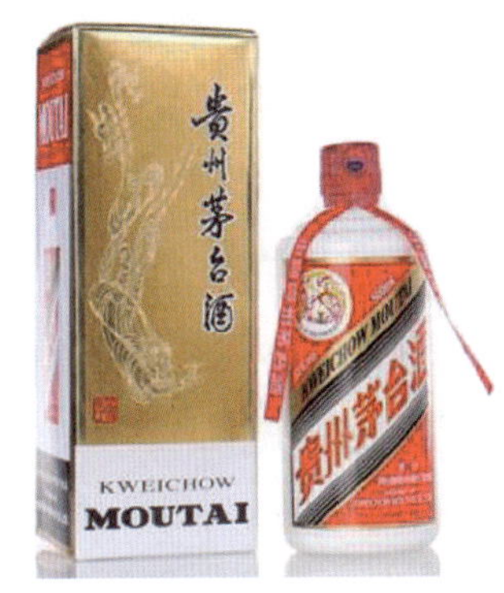

图 5-5　茅台酒

据《史记》记载，汉武帝时夜郎国（今贵州西部等地）产有一种“枸酱”。这种枸酱可能是仁怀赤水河一带生产的用水果和粮食发酵酿制的酒。它与茅台酒或许存在一定的渊源。

元、明期间，具有一定规模的酿酒作坊在今茅台镇陆续兴建。茅台当时的酿酒技术已开创了独具特色的“回沙”工艺。

明末清初，仁怀地区的酿酒作坊已遍及各个村落。在此期间，茅台地区独特的回沙酱香型白酒已成型。

茅台酒的独特之处在于其以优质高粱为原料，用小麦制成高温曲，且用曲量多于原料。其多次发酵、多次取酒等独特工艺，是茅台酒风格独特、品质优良的主要原因。酿制茅台酒要经过两次投料、九次蒸煮、八次发酵、七次取酒，生产周期长达近 1 年，然后陈贮 3 年以上，勾兑调配后再贮存 1 年，使酒质更加醇香、绵软、柔和后方可装瓶出厂。整个生产过程历时近 5 年之久。茅台酒的特点是酒液无色透明，饮用时醇香回甜，无悬浮物及沉淀物，酒香突出、幽雅细腻，回味悠长且空杯留香持久。

2. 汾酒

汾酒（见图 5-6）是清香型白酒的代表。因产于山西省汾阳市杏花村，又被人们称为“杏花村酒”。

图 5-6　汾酒

汾酒具有精湛的工艺，酒液无色透明，清香雅郁，入口绵、落口甜，饮后余香，回味悠长。汾酒在国内外消费者中享有较高的知名度、美誉度。

汾酒拥有悠久的历史。早在南北朝时期，汾酒已经成为宫廷御酒。

随着炼丹技术的进步，我国发明了蒸馏设备。明清以后，北方的白酒发展迅速，逐渐取代了黄酒的地位。此时，杏花村汾酒已经是蒸馏酒，并且声名远扬。

杏花村当地的井水质量上乘，用来酿酒，酒的质量极佳。20 世纪 30 年代，著名的微生物学家方心芳将汾酒酿造工艺归结为“人必得其精，水必得其甘，曲必得其时，高粱必得其真实，陶具必得其洁，火必得其缓”的“清蒸二次清”工艺。这一总结为继承和发扬我国传统名酒作出了杰出的贡献。

3. 五粮液酒

五粮液酒（见图 5-7）产于四川宜宾，曾四度荣获“国家名酒”称号。1991 年，

“五粮液”入选首批“中国驰名商标”。它以香气悠久、味醇厚、入口甘美、入喉净爽、各味协调、恰到好处、酒味全面的独特风格闻名于世。

宜宾位于四川南部，有着悠久的酿酒历史。唐代，人们用多种粮食酿制了一种“重碧酒”。唐代诗人杜甫曾有“重碧拈春酒，轻红擘荔枝”的佳句。

宋代酒匠们创新地采用了玉米、大米、高粱、糯米、小麦5种粮食作为原料，创制出了名为“姚子雪曲”的美酒，这种酒也被视为五粮液最成熟的雏形。明清时期，市井平民称这种酒为“杂粮酒”。

图 5-7　五粮液酒

明朝初年，宜宾人陈氏总结出陈氏秘方，它成为五粮液酿制工艺的重要组成部分。晚清时期，酿酒师邓子均将这种酒进行了改良。有人品尝后提出，这种酒乃集五粮之精华酿成的玉液，更名为“五粮液”既雅致又通俗，且名字本身就能很好地传达其意义。自此，“五粮液”的美名问世。

五粮液属于浓香型大曲酒，以独有的自然生态环境、600多年明代古窖、五种粮食配方、古传秘方工艺、和谐品质、“十里酒城”宏大规模等六大优势，成为酒类产品中出类拔萃的珍品。

4. 西凤酒

西凤酒（见图5-8），古称秦酒、柳林酒，产自陕西省宝鸡市凤翔区柳林镇，是中国国家地理标志产品。其历史可追溯到殷商时期，盛行于唐宋。

西凤酒色泽清亮透明，清新而不失香醇，浓郁却不艳俗，完美融合了清香与浓香的特质。它以醇香典雅、甘润挺爽、诸味协调、尾净悠长以及不上头、不干喉等独特风格广受赞誉。

据史料记载，西凤酒在唐代就被列为珍品。唐代，西凤酒享有“开坛香十里，隔壁醉三家”的美誉。宋代苏轼在凤翔任职时，很喜爱这款酒。

图 5-8　西凤酒

明代，凤翔境内酒坊遍地，满城飘香，酿酒业大兴，路过的行人常常知味停车，闻香下马，以品尝西凤酒为乐事。清末，西凤酒开始走向海外。1915年，西凤酒荣获巴拿马万国博览会金奖。

5. 泸州老窖

泸州老窖（见图5-9）发源于四川泸州，被誉为“浓香鼻祖”。

泸州老窖酒的酿造技艺源于古江阳（泸州的古称），在秦汉以来川南酒业的发展背景下逐渐孕育，兴于唐宋，并在元、明、清三代得以创制、定型及成熟。

图 5-9　泸州老窖

明代，泸州人施敬章经过多年努力，研制出含燥辣及苦涩味成分的“泥窖”酿酒法，进一步提升了大曲酒的浓香，从而开创了“固态发酵、泥窖生香、甑桶蒸馏”的独特新工艺，这是泸型酒的雏形时期。

后来，明代舒承宗总结出“配糟入窖、固态发酵、酯化老熟、泥窖生香”的整套大曲老窖酿酒工艺，使浓香型大曲酒的酿造进入“大成”阶段，推动泸州酒业进入空前繁荣的时期。

泸州老窖酒无色透明，清洌甘爽，饮后留香，回味悠长。它具备浓香、醇和、味甜、回味长四大特点。

6. 剑南春酒

剑南春酒（见图 5-10）是四川绵竹特产，中国国家地理标志产品，与赵坡茶、绵竹年画并称为“绵竹三绝”。剑南春的历史可以追溯至唐朝。据《旧唐书》记载，在盛唐时期，“剑南烧春”酒被选为宫廷御酒。剑南春酒的传统酿造技艺被认定为国家级非物质文化遗产。

图 5-10　剑南春酒

绵竹在唐代属剑南道，此酒故而得名“剑南春”。相传李白曾在这里以貂裘质押换酒，留下“解貂赎酒”的佳话。北宋时期，绵竹酿酒技艺在传承前代技艺的基础上又有新的发展，酿制出了“鹅黄”“蜜酒”等酒。

剑南春酒以高粱、大米、糯米、小麦、玉米为原料，用小麦制成中高温曲，采用泥窖固态低温发酵、续糟配料、混蒸混烧、量质摘酒、原度贮存、精心勾兑等工艺成型。其传统酿造技艺包括：老窖的维护与传承技艺，大曲药制作与鉴评技艺，原酒酿造摘酒技艺，原酒陈酿技艺，尝评、勾兑技艺等。剑南春酒芳香浓郁、醇正典雅、醇厚绵柔、甘洌净爽、余香悠长、香味协调，具有独特的风格。

图 5-11　古井贡酒

7. 古井贡酒

古井贡酒（见图 5-11）是安徽传统名酒，产自安徽亳州古井镇。该地过去被称为“减家店”“减店集”，因此出产的酒在历史上也被称为“减酒”。古井贡酒是亳州特产的大曲浓香型白酒，有“酒中牡丹”之称。古井贡酒多次获得全国评酒会金奖，荣获中国名酒称号。

古井贡酒拥有非常悠久的历史，其历史可以追溯至东汉末年。据史书记载，曹操曾将家乡谯县产的“九酝春酒”及其酿造方法进献给汉献帝。这被公认为古井贡酒的源头。

宋代，减店集已成为有名的产酒之地，当地至今仍流传着“涡水鳜鱼苏水鲤，胡芹减酒宴贵宾”的说法。

明代万历年间，亳州人沈鲤将“减酒”作为家乡特产进贡给朝廷。万历皇帝品尝后大为赞赏，钦定此酒为贡品，“贡酒”之名便是由此而来。

古井贡酒的酒液清澈透明如水晶，香气醇厚如同幽兰。它的口感醇和，味道浓郁甘润，酒液黏稠且能挂杯，余香悠长、经久不绝。

8. 全兴大曲酒

全兴大曲酒（见图 5–12）产于四川成都。因历史上生产这种酒的酒坊名叫“全兴成”，且其酿制的酒属于曲酒型，所以产品被命名为“全兴大曲”。全兴大曲曾连续三届荣获“中国名酒”称号。

图 5–12　全兴大曲酒

全兴大曲酒以优质高粱为原料，采用小麦制成的中温大曲，运用传统老窖分层堆糟法进行酿造。经过陈年老窖的发酵，窖熟糟香，酯化充分，再经过续糟润粮、翻沙发酵、混蒸混入、掐头去尾、中温流酒、量质摘酒、分坛贮存以及精心勾兑等一系列工序，最终酿成美酒。全兴大曲酒无色透明，清澈晶莹，散发出浓郁的窖香，口感醇和协调，绵甜甘洌，落口净爽，是一款典型的浓香型大曲酒。

9. 洋河大曲酒

洋河大曲酒（见图 5–13）是江苏宿迁的特产，中国国家地理标志产品。据研究，洋河制酒的历史始于两汉，兴于唐宋。清代，洋河大曲酒已经畅销江淮一带，备受欢迎。

图 5–13　洋河大曲酒

洋河大曲酒属于绵柔型白酒，最典型的工艺特征是“三低工艺”，即低温入池、低温发酵、低温馏酒。

洋河大曲酒无色透明，酒香醇厚，余味爽净，回味悠长，是浓香型大曲酒的典范，具有“色、香、鲜、浓、醇”的独特风格。它以“入口甜、落口绵、酒性软、尾爽净、回味香而微带辛辣”的特点闻名中外。洋河大曲酒与汤沟酒、双沟酒、高沟酒并称为“三沟一河”。

10. 郎酒

郎酒（见图 5–14）产自四川省古蔺县二郎镇，是中国国家地理标志产品。

图 5-14　郎酒

二郎镇位于赤水河畔，这里属于酱香白酒的优质酿造地带。赤水河自古便有“美酒河”的美称，它孕育了中国两大酱香白酒——茅台酒和青花郎酒。

郎酒以高粱和小麦为原料，用纯小麦制成的高温曲作为糖化发酵剂，并采用郎泉之水酿造。其酿造工艺与茅台相似，经过 2 次投料，7 次取酒，整个周期为 9 个月。之后，酒会按质量分类贮藏在天然溶洞“天宝洞”和“地宝洞”中，加以陈化，3 年后再进行勾兑出厂。因此，有“山泉酿酒，深洞贮藏，泉甘酒洌，洞出奇香”之说。

郎酒呈微黄色，清澈透明，其酱香突出，酒体丰满，空杯留香持久。它以酱香浓郁、醇厚净爽、幽雅细腻、回甜味长的独特风味而闻名。

第三节　中国饮酒文化

饮酒文化深植于中华民族的传统之中。酒不仅是一种饮品，更承载了丰富的社交和情感意义。无论是亲朋好友欢聚一堂，还是商务宴请、节日庆祝，酒都是不可或缺的媒介。它促进了人与人之间的交流与沟通，有着重要的社会作用。

一、酒的功能

1. 酒的礼仪功能与交际功能

酒在中国传统文化中，承载了重要的礼仪功能。在我国古代的祭祀等典礼中，对于酒都有一整套严格的规定，即所谓“酒礼”。寻常酒桌上的规矩与礼节，更是对传统文化的传承与展现。在品味美酒的同时，人们也在践行与传承着一种礼仪文化，体现了中华民族重情重义、以礼待人的传统。

酒在社交场合也扮演着重要角色。常言道：无酒不成席。日常生活中的迎宾宴客、亲友聚会、庆祝胜利、签订合同、婚丧嫁娶等场合往往都有酒的身影，这都是酒的交际功能的具体展现。一杯酒，不仅仅是饮品，更是拉近人与人关系的纽带。在觥筹交错间，原本陌生的人们逐渐放松，话题随之展开，气氛也变得轻松愉悦。酒桌上的言谈交流，往往能促进友谊与合作。酒在无形中搭建起了一座座友谊的桥梁，使人们在社交活动中更加自在、愉悦，进而达到增进了解、加深感情的目的。

2. 酒的医药保健功能

我国中医素有“医食同源”的说法。在人类农业、医学的初创时期，人们对医、药、食的认识是难以仔细区分的。此外，人们饮酒后，酒精的刺激作用使人感到愉快，有飘飘欲仙之感。就这样，酒以食、药的双重角色走进了人类的生活。

酒与医药的关系还可以从“医”的繁体字“醫”中窥见一斑。“醫”由“医”“殳”“酉”三部分组成。其中，“酉”是指盛酒器具，与酒相关，暗示酒可作为内服药。因此，“醫”字的构造就充分揭示了酒与医药的紧密联系。故而，《说文解字》在解释“医”字本义时提到“医之性然，得酒而使”。《汉书》也指出：“酒，百药之长。”古人认为，酒是谷物的精华，能调和精神、养气，能宣通肠胃，善于引导药势。在酒中加入各种中药材，利用酒“善引药势”的特点，可使酒由“食”变为药，用于治疗疾病。

我国古代医药典籍中的“药酒”，就是用酒作为萃取剂，提取药物中的有效成分来治病。如果在酒中加入的药材具有强身健体、营养滋补的作用，酒就变成了延年益寿的保健品。

另外，人们日常饮用的白酒、啤酒、黄酒、葡萄酒等，本身就含有对人体有益的营养成分。例如，白酒中的不饱和脂肪酸，啤酒和黄酒中的蛋白质、氨基酸，以及葡萄酒中的维生素等，都是对人体健康有益的。因此，自古以来人们常把“酒”与“寿”联系在一起。例如，《诗经》中就有“为此春酒，以介眉寿”的诗句。东汉的王充在《论衡》中也提出，长寿之道在于适量地饮食和饮酒。

3. 酒的刺激功能

酒中的主要成分是乙醇，俗名酒精。人饮用后，它会促进血液循环，使血流加快，血管扩张，心跳加速，并刺激神经中枢，令人精神亢奋。这就是酒的刺激功能。刺激功能的强弱会产生不同的效应：刺激适度，则产生正面效应；刺激过度，则产生负面效应。

适量饮用，即刺激适度时，酒会发挥正面效应。这时，酒就像是人的才能、智慧、勇气和谋略的催化剂。它能够激发人们的潜能，产生积极的影响。

“李白斗酒诗百篇”，这句诗揭示了酒对于具有文学才能的人创作灵感的激发作用及其与文学作品产生的关联。许多想象丰富、构思精巧、词句优美的诗篇正是在这种蒙眬醉意中诞生的。像李白这样借助酒的刺激创作出传世名篇的大诗人还有陶渊明、白居易、杜甫、苏轼、陆游等。此外，被誉为“草圣”的大书法家张旭、“书圣”王羲之，以及大画家吴道子、钱选、唐伯虎、郑板桥等，都喜欢在酒后挥毫泼墨，创作佳作。

与酒有关的历史与传说有很多，例如，刘邦“醉斩白蛇起义”，荆轲“酒酣气益震”刺杀秦始皇，武松景阳冈酒醉打虎。这说明，酒能增强人的勇气和胆识，激发人的潜能，使人能够做出匡扶正义、除害除恶的英勇事迹。

4. 酒的娱乐功能

酒的娱乐功能体现在，通过酒的刺激使人精神亢奋，以及在饮酒过程中开展各种活动，进一步增添人们的欢乐。这恰如古人所言的“酒以成欢”，古人甚至形象地将酒称为“欢伯”或“忘忧物”。

在庆功、祝捷、贺喜、宴客、欢聚、婚礼等场合，酒常常能给人们带来欢乐。广大人民群众饮酒，主要目的并非遵循礼仪，而是寻求欢乐，他们以酒助兴，尽情享受饮酒给日常生活带来的乐趣。

二、饮酒方法

下面按照酒的类别，简要介绍相应的饮用方法。

1. 黄酒的饮用方法

黄酒的饮用方法蕴含很多奥妙，不同的饮用方法往往有不同的作用。

（1）热饮

将黄酒加热后饮用，可品尝到各种滋味，暖身且不伤肠胃。黄酒的温度一般以40～50 ℃为宜。热饮黄酒能祛寒除湿、活血化瘀，对腰酸背痛、手足麻木和震颤、风湿性关节炎及跌打损伤患者有一定疗效。

（2）冷饮

夏季气候炎热，黄酒可以冷饮。其方法是将酒放入冰箱直接冰镇或在酒中加冰块，后者既能降低酒温，又能降低酒精浓度。冷饮黄酒可消食化积，有镇静作用，对消化不良、厌食、心跳过速、烦躁等有疗效。

（3）其他饮用方法

黄酒还可以与其他食物或药材组合，加以饮用。例如，将黄酒烧开冲蛋花，加红糖，用小火熬片刻后饮用，有补中益气、强筋健骨的疗效，可预防神经衰弱、神思恍惚、头晕耳鸣、失眠健忘等症。将黄酒和荔枝、桂圆、红枣、人参同煮服用，可助阳壮力、滋补气血，对体质虚弱、元气受损、贫血等有疗效。

2. 葡萄酒的饮用方法

葡萄酒的品种众多，不同的葡萄酒有着不同的饮用方法，但总体而言，饮用时要注意以下三个方面：

（1）要注意酒的温度。不同种类的葡萄酒有其各自的适宜饮用温度，保持这个温度，葡萄酒的味道和效果会达到最佳。一般来说，白葡萄酒适宜在 7～10 ℃时饮用，红葡萄酒适宜在 14～18 ℃时饮用。

（2）要注意饮用的顺序。上酒时应先上白葡萄酒，后上红葡萄酒；先上新鲜的（酒龄短的、有新鲜果香的）葡萄酒，后上陈年葡萄酒；先上口感清淡的葡萄酒，后上口感醇厚的葡萄酒；先上不带甜味的干红，后上甜酒。

（3）不同的菜品应配饮不同种类的酒。海鲜类菜肴，宜配饮白葡萄酒、干白葡萄酒或半干葡萄酒；一般肉类菜肴，宜配饮口感清淡的红葡萄酒或桃红葡萄酒；牛排、羊肉宜配饮口感浓郁的红葡萄酒；家禽类菜肴宜配饮红葡萄酒；油腻的荤菜如扣肉等宜配饮干红葡萄酒以解油腻；饭后甜食宜配饮白葡萄酒。

3. 白酒的饮用方法

在饮用方法上，白酒与黄酒、葡萄酒有所不同，其饮用方式相对随意。当然，如果是品尝中国著名的白酒，还是应当讲究科学的饮用方法。一般而言，饮用白酒时，首先应“观”。即观察酒的包装、酒液的清澈度，了解酒的香型、酒精度以及酒的产地、品牌等，以此来判断酒是否醇正，并确定合适的饮用量。其次是“嗅”。中国的白酒香型多样，通过嗅闻可以领略到不同类型白酒的芬芳，这是品味中国白酒的一种享受。最后是“品”。品尝白酒时应小口慢酌，让酒液在舌面均匀分布，充分体验白酒的甜、绵、软、净、香。

白酒中含有乙醇，适量饮用能刺激食欲，促进消化液分泌和血液循环，提振精神，抵御寒冷，对人体有一定的益处。但切记不可过量饮用。

4. 啤酒的饮用方法

首先，饮用啤酒时，温度十分重要。通常，比较适宜的啤酒饮用温度应在 10 ℃左右。

其次，选择酒杯也很重要。一般应使用厚壁、深腹、窄口的玻璃杯，以保持啤酒的泡沫和香气，同时便于观察酒液色泽和泡沫生成情况。酒杯的容量以 200～300 毫升为宜，并应确保酒杯的清洁。

最后，还需注意倒酒的技巧。较好的方法是先在洁净的酒杯中倒入 1/3 杯的啤酒，以产生一层细腻洁白的泡沫，然后将杯子稍微倾斜，再缓缓倒满酒液。通常，杯中啤酒与泡沫的比例以 8∶2 为最佳。

5. 药酒的饮用方法

药酒分为治疗性药酒和保健性药酒。治疗性药酒有明确的适应证、使用范围、使用方法、使用剂量和禁忌等严格规定，通常需在医生的指导下服用。虽然保健性药酒的要求不如治疗性药酒那么严格，但仍须谨慎选择，要根据个人的年龄、体质、对酒精的耐受度以及饮酒的季节等因素进行适当挑选。

药酒一般在饭前温饮效果最佳，这样有助于药物的迅速吸收，从而更好地发挥保健和治疗作用。通常不建议药酒与膳食同时摄入。每次饮用量建议在 10～30 毫升之间，可于每日早晚饮用，或遵医嘱。此外，饮用药酒时应避免与具有不同治疗作用的药酒混饮。饮用至病愈即可停止，不宜长期饮用。

三、中国古代酒器

酒器，在早期是指制酒、盛酒、饮酒的器具，但近代工业化制酒的生产工艺出现后，则主要指盛酒和饮酒的器具。在不同的历史时期，随着社会经济的不断发展，酒器的制作技术、使用材料和外形设计等也相应发生了变化，因此产生了种类繁多、令人目不暇接的酒器。

根据酒器的制作材料分类，有天然材料如木竹制品、兽角、海螺、葫芦等制成的酒器；有金属材料制成的酒器，如青铜酒器、金银酒器、锡质酒器、铝质酒器以及不锈钢酒器等；有陶质酒器、玻璃酒器、玉质酒器、水晶酒器以及塑料酒器等。

1. 盛酒器

盛酒器是指用来盛放酒水以备饮用的容器，其种类繁多，主要包括尊、卣、壶、瓿、彝等。以尊为例，就有象尊、犀尊、牛尊、羊尊、虎尊等多种形态。

（1）尊

在盛酒器中，尊的地位最高，故后世将一国之君称为“至尊”“尊君”“尊上”等。在先秦时期，“尊”有广义和狭义之分。广义上，凡是用来盛酒的器具都可以被称为尊。而狭义上，尊则专指一种具有大口和圈足特征的盛酒器具，如图 5–15 所示。

（2）卣

卣是古代的盛酒器具。卣的器形特点为椭圆口，深腹，圈足，并配有盖和提梁。其腹部形状有圆形、椭圆形、方形，还有圆筒形等。此外，还有鸱鸮（即猫头鹰一类的鸟）形或虎吃人形等独特设计，如图 5–16 所示。西周时期的卣在继承商代形制的基础上有所创新，其中最具特色的是鸟兽形卣，这类有提梁的酒器一般被统称为鸟兽形卣。

图 5–15　圈足大口铜尊

图 5–16　鸱鸮形铜卣

（3）壶

壶是古代盛酒器，后来演变为盛酒、斟酒两用器。各个历史时期均可见到。壶的形状变化多端。在商周时期，壶多为圆腹、长颈、贯耳并配有盖子，也存在椭圆形且颈部较细的设计。到了西周后期，贯耳的设计减少，而兽耳衔环的设计增多。春秋战国时期，多数壶不再配备盖子，其耳部多设计为蹲兽或兽面衔环。秦汉以后，陶瓷酒壶和金银酒壶大为流行，这些壶通常配有嘴、把手或提梁，形状包括椭圆形、方形、弧形等，种类繁多。春秋时期的莲鹤方壶（见图 5–17），造型精美，闻名天下。

（4）盉

盉（见图 5–18）是古人用来调和酒与水的工具，通过添加水来调整酒的浓淡。盉的形状多样，但通常都具有圆口、深腹的特点，并配有盖子。其前部设有流，后部则配有鋬，底部由三足或四足支撑。盖子和鋬之间通过链条相连。

青铜盉最早可以追溯到夏代晚期，在商代晚期和西周时期尤为盛行，并一直流行到春秋战国时期。从商代晚期开始，中国古代青铜器的造型逐渐展现出敦厚凝重的特点，装饰也变得繁复精美，图纹则透露出威严与神秘的气息。西周时期的青铜器基本上继承了商代的风格，但也有所创新。随着王权的衰落和礼制的崩溃，青铜礼器开始逐渐融入一些轻松的元素，旧有的神秘、庄重与沉闷感逐渐消退，而新颖、有创意的造型和纹饰则逐渐走进寻常百姓家。

图 5–17　莲鹤方壶

图 5–18　盉

（5）觥

觥（见图 5–19）是一种别致的盛酒器。觥的腹部一般呈椭圆形或长方形，器体的前部为一较宽的槽流，宽腹下有圈足或四足。觥的盖按口部形状设计成弯曲形，罩住器口。盖的前端为兽头造型，如牛、羊、虎、象等动物的头部，盖的中部多有浅浮雕的兽面纹。

觥盛行于商代晚期和西周早期，后来已较为少见。成语“觥筹交错”就是形容许多人相聚饮酒的热闹场面。

2. 饮酒器

（1）爵

爵（见图 5-20）在夏、商、周三代都非常流行。典型的爵前部有流，即用于倾倒酒的流槽，后部带有尖锐的尾，中间为杯身，杯身一侧设有鋬，底部有三足支撑。在流与杯口相交的地方设有柱，这是各个时期爵的共同特征。

图 5-19　觥

图 5-20　爵

（2）角

角（见图 5-21）最早见于商代晚期，西周早期尚沿用。它主要为下级官吏和平民所使用，出土的实物数量并不多。

角的造型与爵有些相似，但两者存在一个明显的区别。角的口沿部分没有柱，而且其流部演变成了与爵尾相似的尖形角状。很多角还配备有盖子，其中一些盖子的设计非常精美，如禽鸟展翅飞翔的造型。到了西周中期以后，角这种器皿便逐渐消失了。

（3）觚

觚（见图 5-22）既是一种酒器，也被用作礼器。它的特点是圈足，敞口，长身，且口部和底部都呈喇叭状。

图 5-21　角

图 5-22　觚

觚最早出现在二里头文化时期，在商代和西周早期非常盛行，到西周中期时已经变得非常罕见。

（4）杯

杯的形状多为圆筒状或喇叭状，有木、金属、玻璃或陶瓷等不同材质。图 5-23 所示为清代松竹梅酒杯。

图 5-23　清代松竹梅酒杯

（5）觞

有一种被称作“觞”的饮酒器，它的两侧装有羽翼般的耳朵，在饮酒时可以双手执耳饮用，因此又被称为“羽觞”，现在通常称它为“耳杯”。这种耳杯大多数是由木头制成的，外面通常涂有红、黑色的漆，有些还绘有彩色的图案。耳杯的容量有大有小，杯身也有深有浅。较深的杯子通常用来盛酒，而较浅的则用来盛放羹（如肉汁等），这是一种比较特别的使用方式。

四、饮酒习俗

根据史书记载和出土的文物，酒在古代的祭祀、会盟以及各种庆典活动中都扮演着重要的角色，形成了固定的礼仪。与此同时，酒器的使用也逐渐变得系统化和规范化。后来，在士大夫阶层中逐渐形成了独特的酒风和酒德，这一点在孔子和孟子的论述中也有所体现。魏晋时期的刘伶曾撰写过《酒德颂》。

1. 传统的饮酒文化根基——酒德和酒礼

儒家很重视“酒德”。“酒德”两字，最早见于《尚书》和《诗经》，其含义是饮酒者要有德行，不能像夏桀那样，沉溺于酒。《尚书·酒诰》中集中体现了儒家的酒德，其中提到：只有在祭祀时才能饮酒；不要经常饮酒，平常要少饮酒，以节约粮食，只有在生病时才宜饮酒；禁止民众聚众饮酒；禁止饮酒过度。儒家并不反对饮酒，而认为用酒祭祀敬神，养老奉宾，都是德行的体现。

饮酒作为一种饮食文化，在远古时代就形成了一套大家必须遵守的礼节。有时这种礼节还非常烦琐。因为饮酒过量便不能自制，容易生乱，所以制定饮酒礼节就很重要。我国古代有“无酒不成礼”，“百礼之会，非酒不行”之说。“礼”作为人们社会行为的规范和宗法制度，在酒的饮用中体现为“酒礼”。我国古代饮酒有以下一些礼节：

主人和宾客一起饮酒时，要相互跪拜。晚辈在长辈面前饮酒，叫侍饮，通常要先行跪拜礼，然后坐入次席。长辈命晚辈饮酒，晚辈才可举杯。如果长辈酒杯中的酒尚未饮完，晚辈也不能先饮尽。

古代饮酒的礼仪约有四步：拜、祭、啐、卒爵。就是先做出拜的动作，表示敬意；接着把酒倒出一点洒在地上，祭谢大地生养之德；然后尝尝酒味并加以赞扬，令主人高兴；最后仰杯而尽。

主人先取酒器到宾客席前进献，这称为“献”；然后，宾客取酒器到主人席前回敬，这称为“酢”；接着，主人取酒自饮并劝宾客随饮，这称为“酬”。献、酢、酬进行一遍，称为“一献”之礼。敬酒时，敬酒的人和被敬酒的人都要“避席”，即起立。

酒礼体现了当时统治者以礼治国的理念，即通过必要的行为规范和宗法制度来调节、维护人与人之间的和睦关系以及社会的和谐。

2. 原始祭祀、丧葬与酒

从远古以来，酒就是祭祀时的必备用品之一。原始宗教起源于巫术，在中国古代，巫师利用所谓的“超自然力量”进行各种活动，这些活动大多要用到酒。在远古时代，巫和医是没有区别的，酒作为药物，是巫医的常备药之一。

《周礼》中，对祭祀用酒有明确的规定。例如，祭祀时，用“五齐”“三酒”共八种酒。后来出现了“祭酒”，负责主持飨宴中的酹酒祭神活动。

我国各民族普遍有用酒祭祀祖先的习俗，并在丧葬时用酒举行一些仪式。人死后，亲朋好友都要来吊唁死者，常见的习俗是吃“斋饭”，有的地方称为吃“豆腐饭”，这是葬礼期间举办的酒席。虽然都是吃素，但酒还是必不可少的。有的少数民族在吊丧时持酒肉前往，丧家则要设酒宴招待吊唁者。在古代有的地方，巫师会灌酒于死者嘴内，然后众人各饮一杯酒，称此为“离别酒”。古代有些地方在墓穴内放入酒，为的是让死者在阴间也能享受到人间饮酒的乐趣。古人在清明节为逝者上坟，必带酒肉。

在一些重要的节日，举行家宴时，古人要为逝去的祖先留着上席。一家之主这时只能坐在次要位置，在上席置放酒菜，并示意让祖先“饮过酒”或“进过食”后，一家人才能开始饮酒进食。在祖先的灵位前，还要插上蜡烛，放一杯酒、若干碟菜，以表达对祖先的缅怀和敬意。

3. 重大节日的饮酒习俗

中国人一年中的几个重大节日，都有相应的饮酒活动，如端午节饮菖蒲酒，重阳节饮菊花酒，以及除夕夜畅饮“年酒”。在某些地方，春季插完秧后，人们会欢聚一堂共同饮酒，庆祝丰收时饮酒的气氛则更为热烈。酒席结束时，常常是“家家扶得醉人归”的景象。

（1）春节

在春节期间，古人会饮用屠苏酒（见图 5-24）、花椒酒、柏叶酒，这寓意着吉祥、康宁与长寿。

饮屠苏酒的习俗始于汉代。传说在古时，有一人住在名为“屠苏”的草庵中。每年除夕之夜，他都会给邻里送一包药，教他们将药包放在水中浸泡，到了春节那天，再用这泡过药的水兑酒，全家人一起饮用，这样可以使家人在一年中都不会受到瘟疫的侵扰。后来，人们就把这种酒称为屠苏酒。饮用屠苏酒的方式也很有讲究，需要从年幼者开始饮用。因为年幼者新的一岁开始了，所以先向他们敬酒表示祝贺。

图 5-24 屠苏酒

（2）**中和节**

中和节，古人有饮用宜春酒的习俗。民间认为这种酒可以医治耳疾，因此这种酒又被称为“治聋酒”。

（3）**清明节**

古人有在清明节饮酒的习俗。清明节饮酒主要有两个原因：一是在与清明节相近的寒食节期间，不能生火烹饪，人们只能吃冷食，饮酒可以帮助身体产生热量；二是酒可以缓和人们在悼念亲人时的哀伤情绪。古人有许多描述清明饮酒的诗篇，例如，唐代白居易曾写道：“何处难忘酒，朱门美少年。春分花发后，寒食月明前。”唐代杜牧在《清明》一诗中写道：“清明时节雨纷纷，路上行人欲断魂。借问酒家何处有，牧童遥指杏花村。”

（4）**端午节**

端午节，人们为了驱邪、除恶和解毒，会饮用菖蒲酒（见图 5-25）和雄黄酒。其中，饮用菖蒲酒的习俗最为普遍且流传最广。

据史料记载，唐代就已经有了饮用菖蒲酒的记录。许多文献如唐代的《千金要方》、明代的《本草纲目》等，都详细记录了这种酒的配方和服用方法。

有的古人会研磨雄黄粉，切碎蒲根，然后和酒一起饮用，这种酒被称为雄黄酒。但由于雄黄具有毒性，现在人们已不再使用雄黄来兑制酒了。

图 5-25 菖蒲酒

（5）**中秋节**

中秋节，无论是家人团聚，还是挚友相会，都离不开赏月饮酒。历代文献中对中秋节饮酒的记载比较多。据史料记载，唐玄宗曾在宫中举行中秋酒宴，并熄灭灯烛，在月下进行“月饮”。清代，有中秋节饮桂花酒的习俗。

（6）**重阳节**

重阳节，古人有登高饮酒的习俗，此习俗始于汉朝，据说这样可令人长寿。

明代李时珍在《本草纲目》中提及，常饮菊花酒可以治头风，明耳目，去痿痹，消百病。因此，古人不仅食用菊花的根、茎、叶、花，还用它来酿制菊花酒。除菊花酒外，古人在重阳节所饮的还有茱萸酒、茱菊酒、薏苡酒、桑落酒等。

历史上，酿制菊花酒的方法不尽相同。晋代的方法是采菊花茎叶，与秫米混合酿酒，到次年九月才制成，然后饮用。明代则是用甘菊花煎汁，同曲、米一起酿酒，或加入地黄、当归、枸杞等药材，效果更佳。到了清代，人们使用白酒浸渍药材，然后采用蒸馏的方法提取酿制菊花酒。因此，从清代开始，酿制的菊花酒就被称为“菊花白酒”。

4. 婚姻饮酒习俗

据史料记载，南方人生下女儿后，在其小时便开始酿酒。酒成之后，将其埋藏于池塘底部，待女儿出嫁的那一天才取出来供宾客饮用。这种酒在浙江绍兴地区得到了继承与发展，演变成了著名的“花雕酒”(见图 5-26)。

图 5-26　花雕酒

花雕酒的酒质与一般的绍兴酒并无显著差别，其特色主要在于装酒的坛子。这种酒坛在制土坯阶段，便雕刻有各种花卉、人物、鸟兽、山水、亭榭等精美图案。当女儿出嫁时，人们会取出酒坛，并请画匠用油彩在上面画出“百戏”，如“八仙过海”“龙凤呈祥”“嫦娥奔月”等，同时还会配以吉祥如意、花好月圆的“彩头”。在这样的场合下，“喜酒”往往成为婚礼的代名词。置办喜酒即意味着办婚事，而去喝喜酒，便是去参加婚礼。

“会亲酒”是在订婚仪式上摆设的酒席。喝下“会亲酒”意味着婚事已经确定，婚姻契约生效。此后，男女双方均不得随意退婚或赖婚。

结婚后的第二天，新婚夫妇要回娘家探望长辈，这就是俗称的“回门”。娘家会设宴款待新婚夫妇，这顿饭被称为“回门酒”。

喝“交杯酒”是我国传统婚礼中的一个重要环节。在古代，这一仪式被称为“合卺”。卺即一个匏瓜分成的两个部分，夫妻双方各执一个，用来饮酒。合卺后来也引申为结婚的意思。唐代时，“交杯酒”这一名称便已出现。到了宋代，婚礼上盛行用彩丝将两只酒杯相连，并打上同心结等彩结。新婚夫妇会互饮一杯酒，或者传递酒杯共饮。

这种风俗在我国非常普遍。例如，在绍兴地区喝“交杯酒”时，会由一位福气好的中年妇女主持(通常是男方亲属中儿女双全的人)。在喝“交杯酒”之前，先要喂坐在床上的新郎新娘几颗小汤圆。接着斟上两杯酒，分别给新婚夫妇各饮一口，然后将这两杯酒混合后再分成两杯，寓意“我中有你，你中有我”。新郎新娘喝完后会向门外撒出大量的喜糖供围观的人们争抢。

5. 其他饮酒习俗

“满月酒”或“百日酒”是我国较为普遍的习俗之一。初生的孩子满月时，人们会摆上酒席，邀请亲朋好友共贺。

旧时，孩子出生后，如果算命先生算出其命中有克星、多厄难，就要把他送到附近的寺庙或道观里，作寄名和尚或道士。大户人家则要举行隆重的寄名仪式。拜见法师或道长之后，回到家中就要大办酒席，称为“寄名酒”。席上要邀请亲朋好友、三亲六眷，痛饮一番。

在中国农村，盖房是件大事。盖房过程中，上梁又是最重要的一道工序，故在上梁这天，要办“上梁酒”。有的地方还流行用酒浇梁的习俗。房子造好后，举家迁入新居时，又要办“进屋酒”。一是庆贺新屋落成，并表达乔迁之喜；二是祭祀神仙祖宗，以求保佑。

店铺开张、作坊开工之时，店主、行东要置办“开业酒”，以示庆祝。店铺或作坊年终分配红利时，要办“分红酒”。

当朋友远行时，人们会为其举办“送行酒”，表达惜别之情。在战争年代，勇士们上战场执行重大且有生命危险的任务时，指挥官们都会为他们斟上一杯“壮行酒”，用酒为勇士们壮胆送行。

6. 独特的饮酒方式

（1）饮咂酒

饮咂酒是古代遗留下来的独特饮酒方式，在西南、西北许多地方流传。在喜庆日子或招待宾客时，人们会抬出一酒坛，围坐在酒坛周围。每人手握一根竹管或芦管，斜插入酒坛，从中吸吮酒汁。参与人数可达五六人甚至七八人，饮酒时的气氛相当热烈。这种独特的饮酒方式可以加强人与人之间的情感交流。

（2）“转转酒”

这是一些西南少数民族特有的饮酒习俗。所谓“转转酒”，指的是饮酒时不分场合地点，也无宾客之分，大家席地而坐，围成一个圆圈，轮流喝同一杯酒。

这个习俗据说来源于一个动人的传说。在一座大山中，住着三个结拜兄弟。有一年，二弟请两位兄长吃饭，吃剩的米饭在第二天变成了香味浓郁的米酒。三个兄弟你推我让，都想将酒留给其他弟兄喝，于是从早转到晚，酒也没有喝完。后来神灵告知，只要辛勤劳动，酒喝完后还会有新的酒涌出来，于是三人就转着喝开了，一直喝得酩酊大醉。

7. 酒席上的常见习俗

中国人的好客，在酒席上体现得非常充分。人与人的感情交流往往在敬酒时得到升华。

酒席开始，主人往往在讲上几句话后，便开始了第一次敬酒。这时，宾主都要起立，主人先将杯中的酒一饮而尽，并将杯口朝下，说明自己已经喝完，以示对客人的尊重。客人一般也要喝完。在席间，主人往往还分别到各桌去敬酒。

“回敬”是客人向主人敬酒。“互敬”是客人与客人之间的“敬酒”。为了使对方多饮酒，敬酒者会找出种种必须喝酒的理由，若被敬酒者无法找出反驳的理由，就要喝酒。在这一过程中，人与人的感情交流得到升华。

“代饮”是一种既不失风度，又不使宾主扫兴的躲避敬酒的方式。若本人不会饮酒，或已饮酒太多，但是主人或客人又非要敬酒以表达敬意，就可请人代饮。代饮的人一般与其有特殊的关系。在婚礼上，男方和女方的伴郎和伴娘往往是代饮的首选人物，故酒量必须大。

在生活中，有许多在酒席上劝酒的趣话，如：“感情深，一口闷；感情厚，喝个够；感情浅，舔一舔。”

“罚酒”是中国人“敬酒”的一种独特方式。“罚酒”的理由也是五花八门。最为常见的可能是对酒席迟到者的“罚酒三杯”。有时也不免带一些玩笑的性质。

五、酒的故事

在我国古代，酒最早被视为神圣之物，其使用更是庄严之事，非祭天地、宗庙或奉嘉宾而不用。这一传统沿袭下来，便形成了远古酒事活动的习俗。随着酿酒业的兴起，酒逐渐成为人们日常生活中的饮品。

1. 酒的称谓

中国酿酒历史悠久。人们在饮酒、赞酒的同时，喜欢给所饮的酒起一个别具一格的雅号或别名。这些名字大都源自典故，或者根据酒的味道、颜色、功能、浓淡及酿造方法等来命名，如杜康、欢伯、杯中物、秬鬯、白堕、冻醪、壶觞、壶中物、酤、醑、醍醐、黄封、清酌、昔酒、缥酒、青州从事、平原督邮、曲生、曲秀才、曲道士、曲居士、曲蘖、茅柴、香蚁、浮蚁、绿蚁、碧蚁、天禄、椒浆、忘忧物、扫愁帚、钓诗钩、狂药、酒兵、般若汤、清圣、浊贤，等等。

2. 酒的典故

中国关于酒的典故颇丰。其中大多数典故实际上反映了当时的政治、经济和社会生活状况，蕴含着诸多人生哲理。下面摘录中国历史上比较有名的几则酒的典故。

（1）酒池肉林

商王和商朝贵族多酗酒。《史记》记载：“(商纣王）以酒为池，县（悬）肉为林，使男女裸，相逐其间，为长夜之饮。”后人常用“酒池肉林”形容生活奢侈，纵欲无度。

（2）箪醪劳师

春秋时期，越王勾践被吴王夫差打败后，为实现“十年生聚，十年教训”的复国计划，下令鼓励生育，并用酒作为生育的奖品。后来越王勾践率兵伐吴，出师前，越中父老献美酒于勾践，勾践将酒倒在河的上游，与将士一起迎流共饮，此举极大地鼓舞了士气，这就是箪醪劳师的典故。绍兴现在还有“投醪河”。

战国时也有类似的故事，据说秦穆公讨伐晋国时来到一条河边，秦穆公打算犒劳将士以鼓舞士气，但酒却仅有一钟。有大臣建议，即使只有一粒米，投入河中酿酒，也可让众人共饮，于是秦穆公便将这一钟酒倒入河中，三军共饮。

（3）鲁酒薄而邯郸围

春秋时期，楚宣王与诸侯会盟，鲁恭公来迟并且带来的酒很淡薄，楚宣王甚怒。鲁恭公说，我是周公之后，给你送酒已经是有失礼节和身份的事了，你还指责酒薄，不要太过分了。后来，鲁恭公不辞而别，楚宣王便发兵与齐国一起攻打鲁国。当时，魏国的梁惠王一直想进攻赵国，但害怕楚国会趁虚而入。因楚国忙于攻鲁，魏国便没有后顾之忧而攻赵，于是赵国的邯郸因为鲁国的酒薄不明不白地成了牺牲品。

（4）刘邦醉斩白蛇

《史记》记载，秦始皇末年，刘邦（汉高祖）做亭长时，曾前往骊山押送劳工。但在路上，许多劳工逃走。后来，他将劳工释放，结果只有十几名壮士愿意跟随刘邦。一天夜间，刘邦饮酒过量，醉意蒙胧中，他命令一人前行探路。探路人回报说，前方有一条大蛇横卧在路上，请求返回。刘邦借着酒劲，说道：“是壮士的跟我走，怕什么!”于是勇往直前。刘邦挥剑将拦路的白蛇斩为两段，道路随即畅通。走了几里路后，刘邦困乏，倒地就睡。有位老妇人在蛇被斩的地方哭泣，有人问她为何哭泣，老妇人说：“我的儿子本是白帝子化身的白蛇，因挡道被赤帝子斩杀了。”

（5）文君当垆

据《史记》记载，卓文君是西汉时期的一位才女，她出身于富贵之家，不仅容貌秀美，更有着出众的才华。然而，她对世俗的名利并不在意，而是追求真挚的爱情与自由的生活。当她遇到才子司马相如时，两人一见钟情，决定私奔。为了维持生计，卓文君毅然决定放下身段，在酒肆中当垆卖酒，亲自招待客人。这一举动在当时引起了轰动，许多人都慕名前来，一睹这位才女的风采。

卓文君当垆卖酒的故事，不仅展现了她的独立和勇敢，更体现了她对爱情的执着和对生活的热爱。她的行为打破了当时社会对女性的传统束缚，成为一个时代的象征。

（6）青梅煮酒论英雄

青梅煮酒论英雄是我国著名小说《三国演义》中所讲述的一则故事，主要讲述了曹操与刘备之间的一次对话。当时，曹操邀请刘备至府中，以青梅煮酒，一边品味美酒，一边讨论天下英雄。在酒酣耳热之际，曹操直截了当地问刘备，谁可称为当世英雄。刘备列举了几人，但都被曹操一一否定。最后，曹操指出，真正的英雄唯他和刘备两人。刘备闻言大惊，手中的筷子都吓掉了，此时正好天上打雷，刘备便借机说是被雷声所惊，以掩饰自己的恐慌。这个典故展现了曹操的雄心壮志和识人之明，同时也揭示了刘备的韬光养晦。

（7）“竹林七贤”

“竹林七贤”指的是晋代七位名士：阮籍、嵇康、山涛、刘伶、阮咸、向秀和王戎。他们狂放不羁，常于竹林中放歌纵酒。其中最为著名的是刘伶。据传，刘伶经常随身带着一个酒壶，乘着鹿车，一边走，一边饮酒。刘伶命仆人带着挖掘工具紧随车后，自己何时死了，便就地埋葬。刘伶还写下一篇著名的《酒德颂》。

阮咸饮酒更是不顾仪态，他每次与族人共饮，总是用大酒瓮装酒，大家坐成个圆圈，面对面大喝一番。有一次，一群猪也凑上来喝酒，他们径直把浮面一层酒舀掉，就又一道喝起来。

3. 酒诗

中国酒文化的特色之一，便是诗与酒之间存在着不解之缘。酒往往能激发诗人的灵感，诗则能为酒增添神韵。《诗经》的 305 篇作品中，有约 40 篇与酒相关。

古代很多大诗人都喜欢饮酒，如李白、杜甫、白居易、苏轼、李清照、辛弃疾等。古代诗人常将个人情感融入酒中。悲愤时，陆机写道：“置酒高堂，悲歌临觞。人寿几何，逝如朝霜。”欢乐时，李白写道：“人生得意须尽欢，莫使金樽空对月。”离别之际，王维写道：“劝君更尽一杯酒，西出阳关无故人。”欢喜之时，杜甫写道：“白日放歌须纵酒，青春作伴好还乡。”忧愁中，李白感叹：“抽刀断水水更流，举杯消愁愁更愁。”

4. 酒令

酒令由来已久，最初可能是为了维持酒席秩序而形成的。总体来说，酒令是用来罚酒的，但其主要目的是活跃饮酒时的气氛。酒令就像催化剂，能迅速使酒席上的气氛活跃起来。

饮酒行令，经常伴随着赋诗填词、猜谜等活动，要求行酒令者敏捷机智，富有文采和才华。因此，饮酒行令既是古人好客传统的体现，也是他们饮酒艺术与聪明才智的结晶。

酒令的产生与中国古代酒文化的发达密切相关。西汉时，诸侯王刘章在一次宴会中以军法行酒，其中一人醉逃，被刘章追回后斩首。诸侯王刘武曾聚名士于园中饮酒，并命枚乘、路乔如、韩安国等作赋娱乐。韩安国所作的赋实为他人代笔，因此被罚酒，而枚乘等人获赏。这种在饮酒时制定规则，违规受罚的做法，实际上已开创了酒令的先河。

饮酒行令是中国人饮酒助兴的方式，为中国人独创。它既是一种活跃气氛的娱乐活动，又是一种斗智斗勇、提升宴饮品位的文化活动。酒令内容涵盖诗歌、谜语、对联、成语、典故等，一般可分为三类。

（1）雅令

众人推选一人为令官，或出诗句，或出对子，其他人按首令之意续令，所续内容与形式必须和首令相符，否则罚酒。行雅令时，须引经据典，分韵联吟，当席构思，即席应对。这就要求行令者既具文采才华，又要敏捷机智。因此，雅令是酒令中最能展现才思的。《红楼梦》第四十回描述了鸳鸯作令官饮酒行令的情景，间接展现了清代上层社会行雅令的风貌。

（2）通令

通令主要包括掷骰、抽签、划拳、猜数、击鼓传花等形式。通令易营造热闹气氛，因此较为流行。但行通令时往往摩拳擦掌、叫号喧争，有失风度，显得粗俗、嘈杂。

划拳，唐代称为“拇战”“招手令”等。即用若干个手指的手势代表某个数，两人出手同时，每人报一个数字，如果一人所说的数正好与两人手势表达之数的和相同，则算赢家，输者须喝酒。如果两人说的数相同，则不计胜负，重来一次。

玩击鼓传花令时，令官手持花枝，使人于屏后击鼓，客人依次传递花枝，鼓声停止时花枝在手者须饮酒。

（3）筹令

筹令始于唐代，明清时期盛行。筹即行令时用的筹码，多为片状或棍状。行筹令无须费脑又颇有趣味，因此文人聚饮和闺房集宴多采用。筹上刻有经书或诗、词、曲成句，或《西厢记》《水浒传》《红楼梦》中的人名，并由此引申出敬酒、劝酒、罚酒等名目。1982 年在江苏镇江出土的金龟背负一个令筹筒，内含令筹 50 枚，是迄今为止发现的最古老的令筹（见图 5-27）。

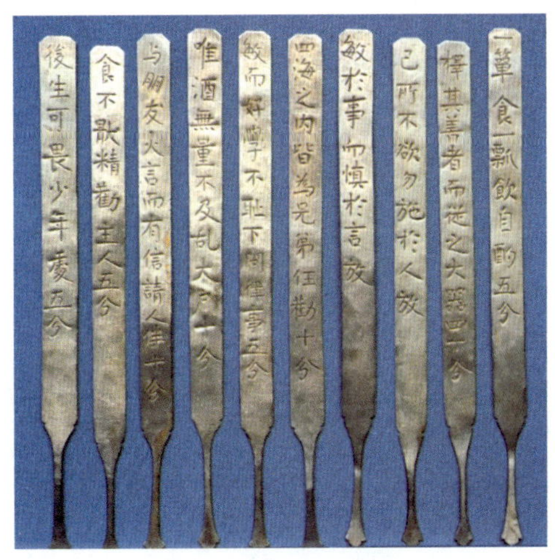

图 5-27　古代令筹

思考题

1. 简述中国酒的发展阶段。
2. 中国酒有哪些主要分类方法？举例说明各类酒的著名品种。
3. 饮用葡萄酒时应注意哪些问题？
4. 简述酒的社会作用。
5. 列举 3 个传统节日的饮酒习俗。